CONTRIBUTION

à l'Histoire de la Médecine en France
du XIVe au XVIIIe siècle

LA COMMUNAUTÉ

DES CHIRURGIENS-BARBIERS

DE CAMBRAI
(1366 - 1795)

AVEC GRAVURES
représentant des armoiries et des scenes de la vie médicale.

PAR

Le Docteur H. COULON

des Universités de Paris et de Bruxelles,
Ancien interne médaillé des Ambulances militaires,
Membre et lauréat de plusieurs Sociétés savantes,
Médaillé d'honneur de la Société nationale d'Encouragement au Bien.

PARIS
LIBRAIRIE J.-B. BAILLIÈRE ET FILS
19, RUE HAUTEFEUILLE, 19

1908

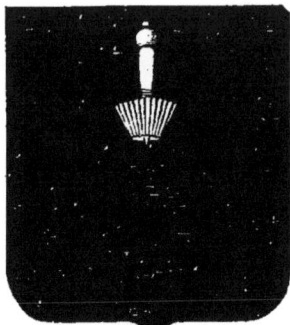

LA COMMUNAUTÉ

DES CHIRURGIENS-BARBIERS

DE CAMBRAI

(1366 - 1795)

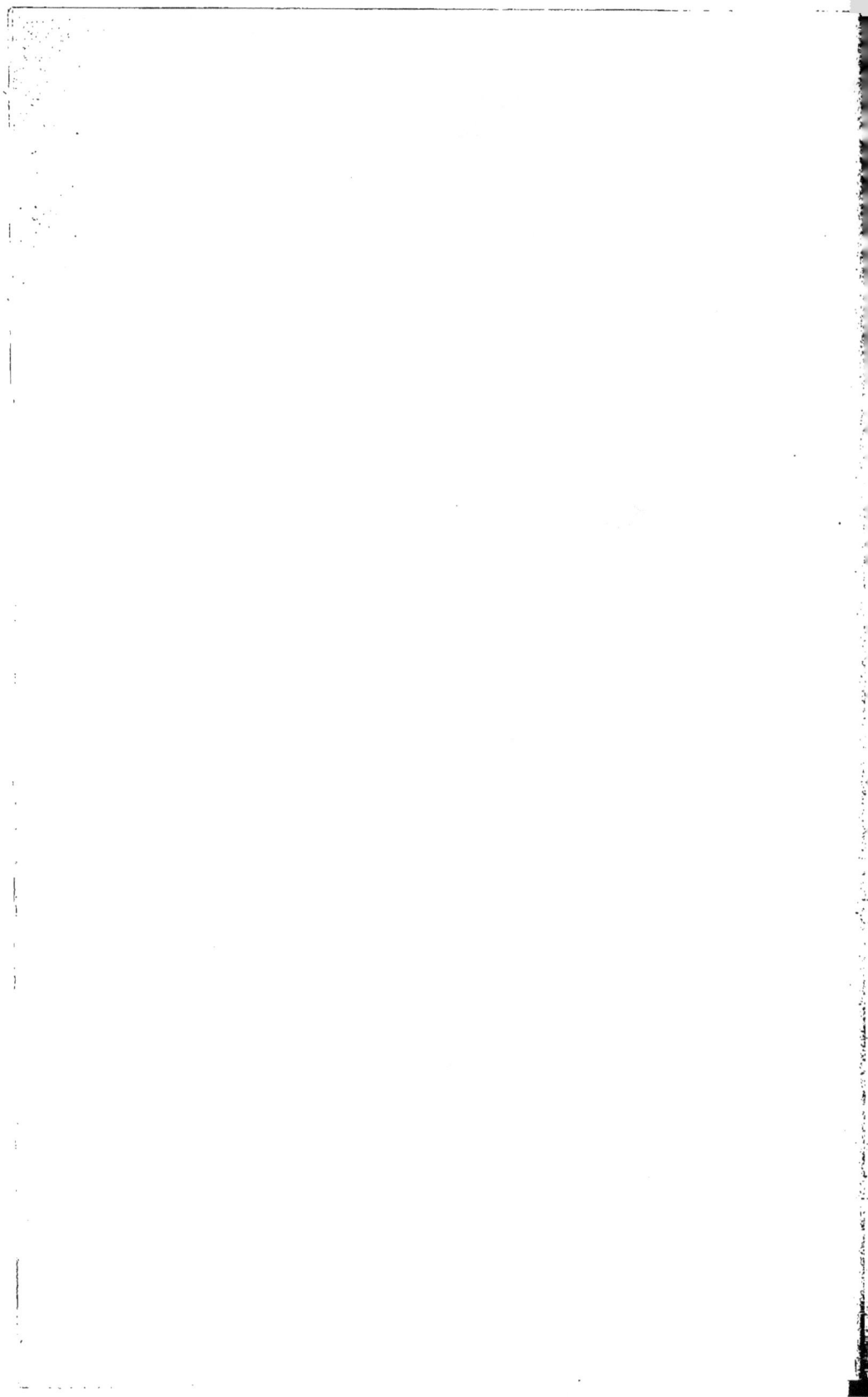

CONTRIBUTION

à l'Histoire de la Médecine en France
du XIVe au XVIIIe siècle

————— ⚭ —————

LA COMMUNAUTÉ
DES CHIRURGIENS-BARBIERS
DE CAMBRAI
(1366 - 1795) ⚭

AVEC GRAVURES
représentant des armoiries et des scènes de la vie médicale.

PAR

Le Docteur H. COULON

des Universités de Paris et de Bruxelles,
Ancien interne médaillé des Ambulances militaires,
Membre et lauréat de plusieurs Sociétés savantes,
Médaille d'honneur de la Société nationale d'Encouragement au Bien.

———————— ✳ ————————

CAMBRAI
IMPRIMERIE RÉGNIER FRÈRES
Place au Bois, 28 et 30

1908

DU MÊME AUTEUR

1º **DES NÉVRALGIES,** considérées principalement au point de vue de leur traitement.

Paris, Thèse pour le Doctorat.

2º **PRÉCIS DE DÉONTOLOGIE MÉDICALE.**

Bulletin de la Société Médico-Scientifique du Nord et du Pas-de-Calais.

3º **CURIOSITÉS DE L'HISTOIRE DES REMÈDES,** comprenant des recettes employées au Moyen Age dans le Cambrésis. (Ouvrage couronné par l'Académie des Sciences et des Lettres de Bordeaux).

Paris, J.-B. Baillière et Fils.

4º **LE CIMETIÈRE MÉROVINGIEN DE CHÉRISY (P.-de-C.)** (Ouvrage couronné par la Société des Sciences de Lille).

Paris, Ernest Leroux.

5º **LES FOUILLES DE CHÉRISY.**

Paris, Ernest Leroux.

6º **CURIEUX PHÉNOMÈNE D'ORNITHOLOGIE,** observations.

Cambrai, J. Renaut.

7º **DE L'USAGE DES STRIGILES DANS L'ANTIQUITÉ.** *[Ouvrage lu, le 18 Avril 1895, au Congrès des Sociétés Savantes à la Sorbonne ;* couronné par l'Académie des Sciences, Inscriptions et Belles-Lettres de Toulouse, et par la Société des Sciences de Lille).

Paris, Ernest Leroux.

8º **CONTRIBUTION A L'HISTOIRE DES REMÈDES,** quelques pages d'un manuscrit Picard du XVᵉ Siècle. (Mémoire couronné par l'Académie des Sciences et des Lettres de Bordeaux).

Paris, J.-B. Baillière et Fils.

9º L'ANCIEN HOPITAL SAINT-JACQUES-AU-BOIS DE CAMBRAI
*(Ouvrage lu, le 14 Avril 1898, au Congrès des Sociétés
Savantes à la Sorbonne ;* couronné par la Société
Nationale d'Encouragement au Bien, et par la Société des
Sciences de Lille).

Paris, ERNEST LEROUX.

10º **REMARQUES SUR UNE INSCRIPTION ANTIQUE,**
l'Exercice de la Médecine dans les temples
d'Esculape. (Mémoire couronné par la Société des
Sciences de Lille).

Cambrai, RÉGNIER FRÈRES.

11º **LA THÉRAPEUTIQUE OCULAIRE AU XIIIᵉ SIÈCLE,**
traduction d'un manuscrit latin, avec annotations.
*(Ouvrage lu, le 7 Juin 1900, au Congrès des Sociétés
Savantes à la Sorbonne ;* couronné par la Société
Nationale d'Encouragement au Bien, par l'Académie des
Sciences et des Lettres de Bordeaux, et par la Société
des Sciences de Lille).

Paris, J.-B. BAILLIÈRE ET FILS.

12º **PROVERBES D'AUTREFOIS,** avec lettre-préface de
M. FRANÇOIS COPPÉE. (Ouvrage couronné par la Société
des Sciences de Lille ; Médaille de vermeil).

Paris, VICTOR RETAUX.

13º **LA VENTE DES CHARGES ET LES CORPS DE MÉTIERS
A CAMBRAI EN 1697.** *(Mémoire lu, le 2 Avril 1902,
au Congrès des Sociétés Savantes à la Sorbonne ;*
couronné par la Société des Sciences de Lille).

Paris, ERNEST LEROUX.

14º **LES APOTHICAIRES DE CAMBRAI AU XVIIᵉ SIÈCLE,**
*(Ouvrage lu, le 6 Avril 1904, au Congrès des Sociétés
Savantes à la Sorbonne ;* couronné par la Société des
Sciences de Lille, *et publié sous les auspices du
Ministère de l'Instruction publique).*

15º **NOTE SUR LES VASES APPELÉS BIBERONS,** trouvés
dans les sépultures d'enfants, époque gallo-romaine ;
couronné par la Société des Sciences de Lille.

Paris, ERNEST LEROUX.

16º **LES STATUTS DES ANCIENS CHIRURGIENS-BARBIERS DE CAMBRAI.** *(Mémoire lu, le 18 Avril 1906, au Congrès des Sociétés Savantes à la Sorbonne et publié sous les auspices du Ministère de l'Instruction publique).*

A LA MÉMOIRE

de mon père,

Hyacinthe-Joseph COULON-DAMLENCOUR,

Docteur en médecine de la Faculté de Paris.

(1816 - 1852)

de mon grand-père,

Augustin DAMLENCOUR-GRODECŒUR,

Médecin.

(1756 - 1830)

de mon grand-oncle,

Benjamin-Joseph COULON,

Chirurgien militaire.

(1786–1859)

de mon oncle,

Théophile LEROY-DAMLENCOUR,

Médecin.

(1793-1869)

de mon cousin,

Louis LEROY-WARTEL,

Médecin.

(1824 - 1904)

Exemplo fuerunt.

INTRODUCTION

Le présent travail est un complément à nos recherches sur l'histoire locale de la médecine, on y trouvera l'histoire de la communauté des chirurgiens de Cambrai, depuis les premières mentions qui en ont été faites jusqu'à sa suppression en 1795.

Pour donner à cette étude un plus vif intérêt, il nous a semblé utile de la faire précéder d'un court aperçu sur l'histoire générale de la chirurgie en France.

C'est un fait que la médecine dans notre pays a eu une bien longue enfance : chose vraiment étrange, pendant la première moitié du moyen âge, l'art de guérir, malgré son indéniable importance, était abandonné entre les mains de femmes, d'empiriques, d'opérateurs ambulants, de charlatans, de barbiers, de vendeurs d'épices et d'herbes médicinales.

Par la plus absurde des aberrations, on avait l'air de croire que, pour former un médecin, l'étude n'était nullement indispensable ; seules la hardiesse et la témérité, semblait-il, conféraient le droit de disposer de la vie humaine.

Cependant des moines et des clercs, au sein des monastères et des abbayes, étudiaient les ouvrages des médecins grecs et romains, que seuls d'ailleurs ils étaient capables de comprendre et d'interpréter. Cette étude fut comme une clef qui leur donna accès dans les arcanes de la nature, tout fiers d'avoir

*pénétré dans ce mystérieux domaine, ils renoncèrent
au titre de médecins qui leur était commun avec les
plus vils empiriques, et se considérant comme les
ministres ou les scrutateurs de la nature, ils crurent
s'honorer en prenant le nom de physiciens, c'est-à-
dire naturalistes.*

*Ces hommes de science enseignèrent et pratiquèrent
la médecine proprement dite conjointement avec la
chirurgie et la pharmacie.*

*A la même époque, quelques laïques, des médecins
juifs, se livraient bien aussi à la pratique de l'art de
guérir, mais ce n'était qu'une exception et on pouvait
aisément les compter.*

*Il en fut ainsi jusqu'au XIIᵉ siècle : le Concile de
Trente, en 1163, en s'appuyant sur la fameuse
maxime : « Ecclesia abhorret a sanguine, l'église
a horreur du sang, » interdit aux prêtres de s'occuper
de chirurgie, que l'on considérait comme un art
indécent ; et de fait, la visite des malades dans leur
lit, les maladies honteuses, les affections des femmes,
etc., tout cela ne convenait guère, il faut bien le
reconnaître, à la dignité sacerdotale.*

*La médecine, dès lors, fut séparée de la chirurgie,
et cette scission, dont la conséquence fut une
décadence de longue durée dans l'art de guérir, ne
prit fin qu'à l'époque de la réorganisation définitive
des écoles de médecine, en 1795.*

*Nos lecteurs connaissent sans doute la date de
naissance de l'Université de France, c'est en l'an 1200
qu'elle fut fondée par Philippe-Auguste. On sait
aussi que primitivement elle ne comprenait que deux*

facultés : celle des arts, des lettres et des sciences, et celle de théologie ; elle n'admit que plus tard l'enseignement de la médecine, mais sous la condition formelle que les étudiants de la nouvelle faculté se voueraient au célibat et s'abstiendraient de toute œuvre manuelle. Il advint de là que les physiciens se firent prêtres et tâchèrent d'obtenir des prébendes dans les cathédrales ; dès lors, ils ne s'occupèrent plus de médecine que d'une façon spéculative, se bornant le plus souvent à offrir leurs conseils au public d'après les renseignements qu'on leur donnait, ou sur la simple inspection des urines.

Les chirurgiens ou mires, comme on les appelait alors, bénéficièrent de cette ligne de conduite : ils devinrent les seuls médecins-praticiens, puisqu'il leur appartenait en propre de visiter toutes les maladies et de surveiller l'application des remèdes ; aussi a-t-on pu dire en toute vérité que la chirurgie avait conservé la médecine. Quelques-uns d'entre eux acquirent une réputation qui devint universelle et se haussèrent jusqu'à la gloire. Parmi les plus célèbres, il convient de citer le nom des Jean Pitard, des Franco, des Guy de Chauliac, des Mondeville, des Robert le Myre, des Roger de Parme, des Jean de Passavant, des Ambroise Paré, des Séverin Pineau, des Guillemeau, des La Peyronie, des Scultet, des Jean-Louis Petit, et combien d'autres non moins illustres.

Ayant conscience des services qu'ils rendaient, les chirurgiens, vers le milieu du XIIIᵉ siècle, s'érigèrent en corporation ou communauté, et, à l'exemple des différents corps de métiers qui, suivant une pieuse coutume du temps, s'étaient tous choisis un saint

*patron, ils fondèrent une confrérie sous le vocable de
S¹-Côme et de S¹-Damien.*

*Ils étaient restés libres jusqu'alors de tout contrôle,
— car tel enseignait, tel autre apprenait et donnait
ensuite ses conseils à qui voulait l'entendre, —
mais à partir de cette époque, ils furent soumis à un
règlement et on les obligea à suivre des cours. Ces
cours leur étaient faits en latin, et ils avaient lieu à
Paris, en l'école S¹-Côme instituée par S¹-Louis, dans
le but de former d'habiles praticiens et d'extirper
de nombreux abus. Ceux qui en sortaient, après des
examens probatoires, avaient le titre de maîtres et
de membres du collège de S¹-Côme.*

*Toutefois, les futurs chirurgiens n'étaient point
tenus de passer tous par l'école ; ils étaient libres —
et cela se produisait surtout en province — de
s'attacher à un maître particulier qui se chargeait
de les instruire, moyennant un honnête salaire, cela
va sans dire. Au bout de deux années en moyenne
d'apprentissage, l'aspirant, s'il fournissait des
preuves suffisantes de capacité, passait maître à son
tour et acquérait le droit d'exercer.*

*Bientôt, absorbés qu'ils étaient par leurs opérations
et par la visite de leurs nombreux malades, désireux
surtout d'augmenter leur prestige et de se faire passer
— comme disait le roi Charles V, dans ses lettres de
1372, — « pour des gens de grand état et de grand
salaire », les chirurgiens proprement dits abandonnèrent aux barbiers, le soin de pratiquer les saignées,
les scarifications, et de faire quelques pansements
ordinaires, sans aller jusqu'à l'incision. Ceux-ci,
presque tous illettrés, étaient considérés comme*

de véritables serviteurs et vivaient sous la dépendance des chirurgiens qui seuls, après les avoir examinés, leur donnaient le droit d'exercer. Admis d'abord comme valets ou apprentis, après un stage plus ou moins long, ils finissaient par devenir maîtres-barbiers ; mais ce titre ne leur suffisait pas. Leur continuelle ambition fut, malgré leur ignorance, de se rapprocher de plus en plus des chirurgiens, et pour atteindre l'objet de leur ambition ils ne reculaient devant aucune tentative d'usurpation, à ce point que l'autorité royale dut à plusieurs reprises intervenir pour les empêcher « d'exercer ou s'entremettre au fait de chirurgie ». Mais, qui ne sait qu'à cette époque l'obéissance aux lois était presque impossible à obtenir, aussi les ordonnances demeuraient-elles lettre-morte.

En 1452, le cardinal d'Estouteville, envoyé par le pape Nicolas V pour réorganiser l'Université, abolit les lois absurdes qui avaient été imposées aux physiciens, et leur permit de changer les chaînes du célibat contre celles de l'hyménée.

A partir de François Ier, qui en même temps que le père des lettres fut aussi le grand restaurateur des sciences, les physiciens reprirent le noble titre de médecins qu'ils avaient eu le tort de rejeter avec dédain, et, à l'instar des chirurgiens, se réunirent également en communauté sous le patronage de St-Luc. Sous ce règne mémorable, l'enseignement de la médecine et de la chirurgie prit un magnifique essor et commença à briller d'un vif éclat.

Peut-être sera-t-on curieux de connaître les principaux centres d'études, les voici d'après l'ordre de leur fondation : Montpellier (1141), Paris (1200), Valence (1209), Toulouse (1229), Orléans (1305), Grenoble (1339), Angers (1364), Aix (1413), Poitiers (1431), Caen (1436), auxquels vinrent s'ajouter : Nantes (1460), Bourges (1463), Bordeaux (1472), Reims (1548), Douai (1572), Besançon (1676), Pau (1722), Dijon (1722), Nancy (1769) ; à citer, encore, tout particulièrement chez nos voisins, la célèbre Université de Louvain, fondée en 1426, et celle de Leyde, établie en 1535, etc.

D'aucuns s'imaginent assurément que les épreuves à subir pour devenir médecin étaient autrefois relativement moins difficiles et moins nombreuses que de nos jours : ils se trompent. Le candidat déjà maître-ès-arts, avait à conquérir successivement trois grades : le baccalauréat, la licence et la maîtrise en médecine, ce qui n'exigeait pas moins de six à sept années d'études. La maîtrise — nos lecteurs l'ont sans doute deviné, s'ils ne le savaient pas — était l'équivalent de ce que l'on nomme aujourd'hui doctorat ; ce n'est que vers la fin du XVᵉ siècle que les maîtres en médecine furent appelés docteurs.

Peu à peu les médecins, par suite de leur influence et en raison même de l'importance de leur profession, s'étaient concilié la bienveillante protection des pouvoirs ; placés au premier rang, admis même en certains cas à la noblesse, ils se firent accorder l'exemption de toutes charges et impôts, et jouirent bientôt de la plus haute considération.

Quand on s'élève au-dessus des autres, on est exposé à les dédaigner, c'est ce qui arriva aux médecins par rapport aux chirurgiens. Jaloux de

*leurs droits et de leurs privilèges, cherchant en toute
circonstance à s'ériger en maîtres, ils affectaient de
les regarder comme de vulgaires subordonnés et de
simples auxiliaires. Mais cette hautaine prétention
parut intolérable aux chirurgiens ; forts de leurs
mérites, de leur talent opératoire et de leurs services
rendus, ils refusèrent de se courber sous le joug qu'on
voulait leur imposer, et réclamèrent leur part de
prérogatives. Cette fâcheuse rivalité fut pour les deux
corps une source de luttes incessantes, comme aussi
de procès scandaleux.*

*Pour combattre les prétentions des chirurgiens, les
médecins eurent la malencontreuse idée d'appeler à
la rescousse les barbiers qu'ils initièrent aux fonctions
de la grande chirurgie. Non contents de cela, ils
sollicitèrent et obtinrent, en mars 1656, des lettres
patentes qui unissaient les barbiers au corps des
chirurgiens. On devine aisément l'effet de cette
association avec des hommes considérés comme de
simples artisans : la chirurgie tomba dans un
profond mépris et se trouva bien vite sur le penchant
de sa perte.*

*Si l'on voulait empêcher cette ruine, il était urgent
de réagir ; la réaction eut lieu en 1724, sous forme
d'une loi qui créa cinq démonstrateurs ayant pour
mission d'enseigner la théorie et la pratique dans
l'école de St-Côme, cette loi releva la chirurgie et la
rétablit dans sa primitive splendeur. La fondation
de l'Académie royale de chirurgie, en 1731, acheva
cette réhabilitation dont elle fut le couronnement.
Un arrêt du Conseil d'Etat, en 1750, compléta
l'organisation de l'école de chirurgie par la fondation*

*d'une école pratique de dissection. Enfin — ce n'était
pas trop tôt — on considéra les chirurgiens comme
les égaux des médecins, aussi bien dans le domaine
de la science que dans les relations sociales, et ils
recouvrèrent leurs droits et leurs privilèges ; en même
temps prenaient fin les menées ambitieuses des
barbiers qui, dès 1743, durent renoncer à la lancette
et au bistouri et furent renvoyés définitivement à
leurs ciseaux et à leurs rasoirs. Un peu plus tard,
lors de la loi de ventôse, en l'an XI, l'enseignement
de la médecine et de la chirurgie fut de nouveau
réuni comme autrefois, et cette union devint même
obligatoire pour l'obtention du titre de docteur.*

*Maintenant que nous avons rapidement esquissé
l'historique de la médecine et de la chirurgie,
laissons de côté pour le moment les médecins, qui
formaient une communauté à part, pour voir ce que
furent les anciens chirurgiens de Cambrai, non que
nous ayons la prétention de retracer complètement
leur histoire, ce qui exigerait un volume plus
important que celui que nous présentons ; notre
ambition est plus modeste : nous voulons tout
simplement lui apporter une contribution aussi
ample que possible, à l'aide de documents inédits que
nous avons pu recueillir, notamment aux archives
communales de Cambrai.*

Dr Coulon.

LA COMMUNAUTÉ

DES

CHIRURGIENS-BARBIERS

DE CAMBRAI

(1366-1795)

CHAPITRE Ier

Organisation de la Communauté.

Dans nos recherches sur les anciens chirurgiens de la ville de Cambrai, nous n'avons trouvé à leur sujet aucun document antérieur à l'an 1366.

A cette époque, pour les motifs que nous avons exposés dans l'introduction, la chirurgie, considérée comme un vil métier (1), était abandonnée

---

(1) Suivant les usages et coutumes de la Féodalité, celui qui se livrait à un travail manuel quelconque était tenu éloigné de la noblesse et du clergé, considéré comme un vulgaire artisan, il faisait partie de la classe ouvrière. Il était donc indigne et dégradant de pratiquer la chirurgie, puisque dans cette partie de l'art de guérir — et comme l'indique du reste l'étymologie du mot chirurgie ($\chi\epsilon\iota\rho$ main, et $\epsilon\rho\gamma o\nu$ travail), — on se sert de la main.

2

aux mains des barbiers qui, en raison de leurs
continuelles interventions auprès des malades et
des blessés, étaient appelés *mires*. Fiers de leurs
fonctions et enhardis par la faveur du public, ils
s'érigèrent en chirurgiens vers la fin du XVe siècle ;
ils prirent dès lors le titre de chirurgiens-barbiers
et on continua de les considérer comme tels.

Il ne sera pas sans intérêt de fixer un instant
notre attention sur ces personnages menant ainsi
de pair l'art chirurgical et les soins de la barbe de
leurs concitoyens.

Ces chirurgiens-barbiers n'étaient généralement
que de simples artisans plus ou moins illettrés,
plus ou moins habiles, dont les fonctions au fait de
chirurgie se bornaient à des opérations bien faciles :
ils pratiquaient la saignée (1), les scarifications,
« curaient toutes manières de cloux, les bosses,
apostumes et toutes playes ouvertes » (2), appliquaient les emplâtres et les onguents, posaient
les ventouses, soignaient les entorses, arrachaient

(1) La saignée demeura longtemps une opération réservée
au métier de barbier. Dès qu'un médecin prescrivait une
saignée, il aurait cru se déshonorer en la pratiquant lui-
même, aussi demandait-il un barbier. Celui-ci arrivait avec
ses instruments et une palette de terre dont le prix n'était
que d'un denier. La saignée faite, on jetait cette palette avec
le sang. — La gravure (no 2) nous représente l'opération de
la saignée faite par un chirurgien en présence d'un médecin
et d'un apprenti ou valet. (D'après *Jacques Guillemeau*,
chirurgie Françoise, 1594.)

(2) Lettre du roi Charles V (3 octobre 1372), autorisant
les barbiers à faire des opérations peu difficiles.

les dents, et administraient les médecines nécessaires, tout en maniant le rasoir et les ciseaux.

Ces humbles opérateurs persistèrent à remplir
leur double office jusque vers la fin du XVIIIe
siècle ; à cette époque, en effet, une déclaration
du roi, datée du 23 avril 1743, rompit les liens qui
unissaient les chirurgiens aux barbiers, mais leur
séparation ne devait devenir définitive qu'après
la mort du dernier chirurgien-barbier. Cette
profession une fois éteinte, l'exercice de la barberie
appartint désormais d'une façon exclusive à la
communauté des maîtres barbiers, perruquiers,
baigneurs, étuvistes, lesquels dorénavant n'eurent
plus le droit de pratiquer d'aucune manière la
chirurgie, sous peine d'amende et de privation
de leurs charges.

Durant la longue période antérieure à cette
séparation obligatoire, il se trouva cependant des
praticiens instruits et doués d'une certaine habileté
qui d'eux-mêmes renoncèrent à la barberie pour
se livrer exclusivement à la chirurgie et mieux y
travailler, mais le nombre de ces sujets d'élite fut
toujours assez restreint dans la cité Cambrésienne,
jusqu'à la fin du XVIIIe siècle, où il ne fut plus
question de barbiers-chirurgiens (1).

---

(1) La présence de barbiers-chirurgiens et de chirurgiens
non barbiers produit une confusion bien faite pour embar-
rasser l'historien actuel. Ces praticiens, de conditions et de
savoir différents, étant malgré cela généralement désignés
sous le même nom de chirurgiens, il est le plus souvent
impossible de distinguer ce qui s'adresse aux uns plutôt
qu'aux autres dans les délibérations de l'autorité et dans
bien d'autres circonstances.

A Cambrai, comme dans beaucoup d'autres villes où pareillement la chirurgie et la barberie étaient réunies, les chirurgiens-barbiers formaient une corporation ou communauté composée de maîtres, de valets ou d'apprentis, et ayant à sa tête trois mayeurs chargés de la direction et de l'administration de l'association ; ceux-ci veillaient avec zèle à ses intérêts, et ils étaient tenus de rendre compte de leur gestion, en pleine assemblée, ainsi qu'il ressort, entre autres preuves, d'une déclaration de débours faits et opérés par un nommé Gilles Flavignies, maître chirurgien, pour fournir à la taxe de la communauté, déclaration que nous reproduisons telle qu'elle nous est tombée entre les mains :

« — Premièrement pour huict port de lettres à luy addressante au nom du corps, at payé 1 fl. 0 p. 0.

— Item payé au greffier Michel pour le décret et permission de pouvoir levée laditte somme de Messieurs du Magistrat,   payé 0 fl. 12 p. 0.

— Item payé au sieur de Couge, par quittance dattée du troisième septembre dernier 1693, portant treise-cent-vingt-livres monoyé de France, en cette monnoye mille cinquante-six florins,   1056 fl. 0 p. 0

— Item payé au chartier Guilliaume Liefquin pour avoir portée partie de l'argent à Lille et avoir envoié quérir un pot de bière à ce subjet, 0 fl. 17 p. 0

— Item pour un voyage fait espres à Lille par Henry Quéant, vallet du dit corps, deux écus neuve,   5 fl. 5 p. 12

— Item pour despens de bouche chez Reine,

lorsque l'on at déliberrée d'envoier ledit vallet à
Lille, et que le sieur Pigeot y at escrit estant
plusieurs confrères ensemble, dix pot de bière,
portant :   2 fl. 5. p. 0

— Item pour autres cincq pots de bière despensés
che la vefve Lautimbert, rue des Juifs, avec deux
ou trois confrères,   1 fl. 2 p. 12.

— Item pour autres quattre pots de bière de
Sauge de che Reine Beuve, le mesme jour que
l'argent at esté compté,   1 fl. 0 p. 0.

— Item avoir payé au nommé Delacroix
demeurant à Lille, pour ses peines et solicitations
une pistolle, taillable neuf florins quatre pattars,
                                      9 fl. 4. p. 0

— Item pour avoir vacqué, et ses salaires, le
laisse à la discrétion de Messieurs ses confrères.

— Item pour le présent état.

Dehorne, Claude Canhuiez, Pierre Fuzeliez.

Compte et arrestez en présence des mayeurs et
confrères cy-devant signés.

Le 19 Décembre 1693. » (1).

Les mayeurs visitaient fréquemment la boutique
de chaque membre de la communauté ; de cette
façon ils pouvaient se rendre compte de l'instruction
et de la conduite des apprentis, des soins que l'on
avait pour eux ; en même temps ils surveillaient
l'entretien de tous les outils et de tous les objets

(1) *Archives Communales de Cambrai*, H. H. Liasse 28,
n° 7.

nécessaires au métier, et cette inspection, qu'on veuille bien le croire, n'était pas une simple formalité, car ils avaient toute autorité pour réprimer les abus pouvant se présenter.

Ces chefs de la communauté étaient renouvelables tous les trois ans par élections, et, pour que leur mission fût réellement efficace, avant d'entrer en fonctions, ils étaient tenus de prêter le serment de fidélité devant le Magistrat (1) et les quatre hommes (2).

Ici nous avons le devoir de faire remarquer que la nomination des mayeurs n'avait pas toujours lieu suivant les règles, et cela au grand détriment

(1) Corps échevinal chargé de l'administration de la ville, et de la distribution de la justice.

(2) Les quatre hommes étaient quatre citoyens honorables choisis pour pourvoir aux besoins de la ville et d'en sauvegarder les intérêts. Leurs fonctions sont parfaitement définies dans un acte du XVI⁰ siècle rapporté dans le *mémoire pour l'Archevêque*, page 172 des pièces justificatives, le voici :

« Les Eskevins instituent quatre personnaiges qui se nomment les *quatre-hommes*, lesquels sont *super intendens* aux ouvraiges nécessaires, en la dicte cité, soit aux fortifications de la closture d'icelle, réparation des lieux et maisons à elle appartenans, entretennement des chaulchées, waresquaix et semblable ; et suivant les ouvraiges faicts, ils ordonnent les payer après le conterolle faict. Est aussy l'office desdits quatre-hommes, toutes et quantes fois que besoin est, ou qu'il leur plaist, de visiter les wisinurs et tavernes de la dicte cité, et banlieue, faire compte aux vendeurs de ce qu'ils auroient fourfaict pour les assises et droicts de la ville, adfin que le receveur sans faice payer. »

Eugène BOULY, *Dictionnaire historique de la ville de Cambrai*, 1854, page 447.

de la communauté. Naturellement ces irrégularités ne passaient pas inaperçues : les intéressés ne manquaient pas de les relever et de les critiquer. Après maintes réclamations adressées au Magistrat à propos de ces négligences, celui-ci, qui d'abord était resté sourd, finit par les écouter.

Nous avons eu la bonne fortune de retrouver les noms des mayeurs qui dirigèrent successivement la communauté des chirurgiens - barbiers par périodes de trois années consécutives depuis 1623 jusqu'en 1720. Malgré les lacunes que cette liste présente, il nous a paru curieux de la reproduire ici :

2 Mai 1623,

Guillebert Guillebert, — Pierre Alexandre, — Simon Desars.

3 Juillet 1626,

Charles Lamelin, — Gaspard Zutphen, — François Delimail.

3 Septembre 1629,

Guillebert Guillebert, — Gilles Vinois, — Jean Helle.

7 Juillet 1632,

Gaspard Zutphen, — Pierre Alexandre, — François Delimail.

17 Septembre 1635,

Guillebert Guillebert, — Simon Sasse, — Honoré Dupret.

8 Octobre 1641,

Gilles Flinois, — Michel Bel, — Antoine Guillebert.

3 Décembre 1663,

Jean Guillebert, — Michel Ledieu, — Antoine Duprietz.

6 Novembre 1679,

Jean Laine, — Gilles Flavignies, — Joseph Scourgeon.

2 Octobre 1681,

François Denise, — François Taisne, — Pierre Pierret.

3 Octobre 1684,

Claude Berlecq, — Joseph Carniau, — François Lefrancq.

3 Octobre 1690,

François Taisne, — Gilles Flavignies — François Lefrancq.

11 Octobre 1693,

Charles Cauchie, — François Taisne, — François Lefrancq.

6 Juin 1694,

Claude Baulion, ... (1)

    1715

Charles Scourgeon,—Henry Pierret,—Pierre-Luc Fuzelier (2)

8 Octobre 1717,

Guillain Taisne, — Jean Mury, — Pierre Dechy (3).

La nomination des mayeurs figurait au registre des offices. Nous n'en avons trouvé qu'une seule accompagnée de considérants et nous avons cru bien faire en les transcrivant. Il s'agit précisément de la nomination des chirurgiens-mayeurs cités en tête de notre liste.

« Sur la remontrance faite par la généralité des chyrurgiens de cette ville de Cambray que pour police et réglement de leur mestier statué et ordonné de toultes anchienneté, voloir commettre et establyr mayeurs au dit stil pour le desservir trois ans roultiers (entiers et consécutifs) et en après y establyr d'aultres, et ce en la place de

(1) *Archives communales de Cambrai*, B. B. n° 17, Registre des offices de 1619 à 1697.

(2) *Archives communales de Cambrai*, H. H. Liasse 28, n° 42.

(3) *Id.*

ceulx y estant présentement, se volans attribuer l'autorité estre à leur uze, Messieurs, après avoir examiné les raisons porté par la requeste et remonstrance desditz chyrurgiens et oy les ditz mayeurs, ont commis et estably pour mayeurs : maistres Guillebert Guillebert, Pierre Alexandre et Simon Desars, pour exercer l'office le terme de trois ans et en ycelle soy bien fidellement gouverné, maintenir et exercer ycelle en nom yceulx, fait et presté le serment à ce requis et accoustumé.

Le 2 mai 1623. » (1).

Cette première constitution de la communauté des chirurgiens-barbiers de Cambrai fut entièrement modifiée, peu de temps après la nomination et l'entrée en fonctions d'un premier chirurgien du roi.

A ce propos, il ne sera pas inutile de rappeler que depuis 1371, conformément à l'autorisation accordée par Charles V, le roi avait son premier barbier et son premier chirurgien. Cet état de choses parut si singulier à Louis XIV, qu'il voulut que les droits détenus par son premier barbier sur les chirurgiens-barbiers fussent réunis à ceux dont jouissait son premier chirurgien sur les chirurgiens proprement dits ; et cette réunion s'effectua par un arrêt du conseil du 6 août 1668. En vertu de cet arrêt, le premier chirurgien du roi devint chef et de la chirurgie et de la barberie pour tout le royaume.

(1) *Archives communales de Cambrai*, B. B. n° 17, Registre des offices de 1619 à 1697, Folio 34.

Veiller à l'exécution des règlements pour tout ce qui regardait la chirurgie et la barberie, réprimer les abus, et présider en personne à la réception des aspirants à la maîtrise, telles étaient les principales attributions du premier chirurgien du roi ; il avait le droit de désigner des lieutenants et des greffiers pour le représenter. Cette désignation donnait lieu parfois à des abus ou inconvénients ; aussi, Louis XIV, par deux édits — celui de mars 1691 et celui de février 1692 — avait-il essayé de substituer des jurés aux lieutenants et aux greffiers. Ces jurés, au nombre de deux, choisis parmi les maîtres chirurgiens, avaient les mêmes pouvoirs que ceux dont ils avaient pris la place, mais cette réforme devait être éphémère. La charge de chirurgien-juré ne subsista que pendant quelques années ; Louis XV, par un édit du mois de septembre 1723, rétablit les lieutenants et les greffiers, de telle sorte qu'à partir de cette date, nous retrouvons ces fonctionnaires dans les villes de province où il se trouvait une communauté de chirurgiens.

Vers le milieu du XVIIIᵉ siècle, la communauté des chirurgiens de Cambrai, réorganisée selon le type des nouvelles lois, fut érigée en Collège composé d'un lieutenant, d'un prévôt, d'un doyen, d'un greffier et de tous les autres maîtres. Leur réunion portait le nom de *Serment*.

Le premier chirurgien du roi choisissait son lieutenant parmi trois maîtres dont les noms lui étaient présentés par le Magistrat. Qu'on n'aille pas s'imaginer que la nomination se faisait à la légère : elle n'avait lieu qu'après un sérieux examen des titres des candidats ; nous le savons, il est de mode de dire sur tous les tons que le favoritisme florissait sous l'ancien régime, mais les documents sont là pour attester que les protections et les faveurs, à cette époque, l'emportaient moins qu'aujourd'hui sur le mérite. Si l'on en veut une preuve éclatante, on la trouvera dans une lettre de M. de la Martinière, premier chirurgien du roi, lettre adressée au Magistrat de Cambrai en réponse à sa sollicitation pour une charge de lieutenant :

Messieurs,

« J'ai reçu la lettre que vous m'avez fait l'honneur de m'écrire, par laquelle vous me présentés les sieurs Bouvier, Taine et Tribout, à l'effet par moy d'en être choisi l'un des trois pour remplir la place de mon lieutenant vacante dans la communauté des maîtres en chirurgie de Cambray par le décès du sieur Lefebvre. Je procéderai en conséquence à ma nomination dès que je me serai assuré du sujet qui paraîtra le plus digne de mériter vos suffrages.

Votre très-humble et très obéissant serviteur,

La Martinière,

Versailles, le 16 Février 1763. » (1).

***

(1) *Arch. Com.* H. H. 10.

— *Lorsque, dans la suite, nous aurons à désigner les Archives Communales de Cambrai, nous le ferons tout simplement par cette abréviation : Arch. Com.*

Le choix effectué, le nouvel élu recevait ses lettres d'office signées et revêtues du sceau du premier chirurgien du roi. Voici à titre de spécimen les lettres de commission à la lieutenance d'un nommé François Joseph Bombled, maître-chirurgien à Cambrai.

« Jean-Baptiste Antoine Andouillé, conseiller d'état, premier chirurgien du roi, chef et garde des chartres, statuts et privilèges de la chirurgie du royaume, président de l'Académie royale de chirurgie, associé libre de l'Académie royale des sciences, etc., etc. A tous ceux que ces présentes lettres verront, salut.

Scavoir faisons que sur les bons témoignages qui nous ont été rendus de sa probité, capacité et expérience en l'art et science de chirurgie de Monsieur François Joseph Bombled, le jeune, maître en chirurgie à Cambray, et qu'attendu la vacance de notre lieutenance au collège des maîtres en chirurgie de la ville avenue sur la démission de maistre Tribout, dernier titulaire du dit office, auquel étant nécessaire pourvoir. Pour ces causes et autres considérations, nous avons nommé, commis et institué, et par ces dites présentes, nommons, commettons et instituons le dit maître François Joseph Bombled, le jeune, pour notre lieutenant au collège des maîtres en chirurgie de Cambray et ressort de la justice de la dite ville, conformément aux lettres patentes du 1er juin 1772 portant réglement pour les corps et collèges des maîtres en chirurgie des villes de Flandres ; pour jouir en la dite qualité des honneurs, autorités, jurisdiction et droits utiles y attribués ; garder et faire garder les dits réglemens, sans souffrir qu'il y soit commis aucune contravention : le tout ainsi qu'en a joui ou dû jouir le dit maître Tribout, après toutes fois que le dit maître Bombled aura, dans l'assemblée du collège, qui sera convoquée pour son installation, prêté le serment requis en pareil cas, entre les mains du plus ancien des maîtres qui y seront présens, lequel à cet effet nous commettons en notre lieu et place.

Si mandons aux dits maîtres, prions et requérons tous autres qu'il appartiendra que, leur étant apparu des présentes, ils laissent jouir et user le pourvu d'icelles, de leurs effets et contenu pleinement et paisiblement, conformément aux édits, arrêts et réglemens rendus en conséquence.

En foi de quoi nous avons signé ces présentes de notre main, à icelles fait apposer le sceau de nos armes et contresignés par notre secrétaire.

A Versailles, le sixième jour de juillet, mil-sept-cent-quatre-vingt-quatre.

ANDOUILLÉ. »

« Le serment requis ayant été ce jourd'hui prêté, la présente commission a été ce jourd'hui enregistré au greffe du Magistrat de Cambray, ce 12 juillet 1784.

Témoin signé : LALLIER, Av¹ et greffier. » (1).

(1) *Arch. Com.* B. B. n⁰ 19, Registre des Commissions, folio 87, verso.

Le greffier — sans que ce fut pourtant une obligation — était également choisi par le premier chirurgien du roi (1), parmi trois maîtres de la

(1) Il est à peine besoin de faire remarquer que l'élection du greffier n'avait pas la même importance que celle du lieutenant, aussi était-ce par simple déférence que sa nomination était demandée au premier chirurgien du roi. On pourra en juger d'ailleurs par la correspondance échangée à ce propos, entre le Magistrat de Cambrai et M. de la Martinière, premier chirurgien du roi, prédécesseur du sieur J. B. A. Andouillé.

Monsieur,

« L'office de greffier de la communauté des chirurgiens de cette ville étant vaccant par la mort du sieur de la Moninary, nous ne pouvons mieux nous conformer à l'article 3 de l'édit de 1723, qu'en vous présentant pour le remplacer les sieurs Secourgeon, Taisne et Hoyez, trois maîtres de la même communauté, en vous observant cependant Monsieur, que ledit sieur Secourgeon qui est l'aîné de ces trois sujets, nous paroit absolument le plus convenable et qu'il at toujours fait les fonctions du dit sieur de la Moninary à la satisfaction du corps et du public.

Nous avons l'honneur d'être très parfaitement

Monsieur

Vostres humbles et très obéisants

les Prévôt et Echevins de Cambray.

Cambray, le 28 Juillet 1766. »

— *Arch. Com.* H. H. 28, n⁰ 11.

Voici la réponse qui fut faite au Magistrat :

Messieurs

« Quoique les règlemens concernant la jurisdiction du premier chirurgien du Roy n'exigent pas pour la nomination de ses greffiers la même formalité que pour celle de ses lieutenans relativement à la présentation des sujets qui peuvent concourir à ces places, je me ferai cependant un vrai plaisir de déférer au témoignage que vous voulés bien rendre sur le compte du sieur Secourgeon, en lui accordant

communauté, ainsi que le témoigne une lettre de commission dont nous avons pris copie. Cette lettre émane du même premier chirurgien du roi sus-nommé, et a été puisée à la même source que la précédente.

« Jean-Baptiste Antoine Andouillé...... à tous ceux qui ces présentes lettres, verront, salut, scavoir faisons que sur les bons témoignages qui nous ont été rendus de la probité, capacité et expérience de M. Pierre Jean-Baptiste Bouvier, le jeune, et qu'attendu la vacance de notre greffe au collège des maîtres en chirurgie de Cambray, avenue par la retraite de M. Hoyer, dernier titulaire de la dite office auquel étant nécessaire de pourvoir ; par ses causes et autres considérations, nous avons nommé, commis et institué, et par ces présentes nommons, constituons et commettons le dit M. P. J.-B. Bouvier, le jeune, maître en chirurgie de Cambray, pour notre greffier au dit collège des maîtres en chirurgie de la dite ville, pour jouir en la dite qualité des honneurs, autorité, juridiction et droits y attribués, à la

la préférence de mon greffe en la communauté des chirurgiens de Cambray.

Je serai très flatté d'avoir cette occasion de vous convaincre des sentimens bien sincères de dévouement et de respect avec lesquels je suis inviolablement,

Messieurs,

Votre très humble et très obéissant serviteur,

La Martinière.

14 Août 1766. »

— *Arch. Com.* H. H. 28, n° 12.

charge d'en remplir lui-même les fonctions
conformément aux lettres patentes du 1er Juin 1772,
portant réglement pour les corps et collèges des
maîtres en chirurgie de Flandre, le tout ainsi
qu'en a joui ou dû jouir le dit maître Hoyer, après
touttes fois que le dit M. Bouvier aura prêté le
serment en tel cas requis entre les mains de notre
lieutenant au dit collège. Si mandons aux dits
maîtres, prions et requérons tous autres qu'il
appartiendra que leur étant apparu des présentes,
ils laissent jouir et user le pourvu d'icelles de
leur effet et contenu, pleinement et paisiblement,
conformément aux édits, arrêts et réglemens
rendus en conséquence.

En foi de quoi......

ANDOUILLÉ.

6 juillet 1784. » (1).

Le rôle du dit greffier n'était pas bien compliqué :
il consistait essentiellement à tenir deux registres
cotés et paraphés du lieutenant ; l'un de ces
registres était pour les apprentissages et l'autre
pour les délibérations. Ces registres étaient
déposés tous les trois ans dans les archives, et on
en commençait de nouveaux.

Chaque année, le greffier devait envoyer au
lieutenant un état où étaient inscrits les noms des
anciens maîtres et de ceux qui avaient été reçus
dans le courant de l'année.

Ainsi que nous venons de le constater, le

(1) *Arch. Com.* B. B. no 19, Registre des Commissions,
fol. 87.

lieutenant et le greffier avaient à prêter serment au premier chirurgien du roi, ou au prévôt, ou bien encore, en l'absence de ce dernier, au doyen de la communauté commis à cet effet par le premier chirurgien du roi.

Plus importantes sans contredit étaient les fonctions du prévôt, comme celles du doyen, à défaut du premier ; il devait en effet gérer les affaires du collège, recevoir les deniers, payer les dépenses, faire observer les statuts, empêcher l'exercice illégal de la chirurgie et poursuivre les réfractaires devant les officiers de police.

Au lieutenant et au prévôt incombait le soin de faire célébrer, avec toute la solennité qui convenait, en l'église Notre-Dame, la fête de St-Côme et de St-Damien, et de faire chanter le lendemain un service pour les confrères défunts.

Le collège avait son logis ou une salle particulière où se tenaient les assemblées. A la convocation du lieutenant ou du prévôt, tous les maîtres étaient obligés de s'y rendre, sous peine de trois livres d'amende.

En 1366, la communauté des chirurgiens-barbiers de Cambrai s'était érigée en confrérie sous le vocable de St-Côme et de St-Damien. Nous en reparlerons plus au long dans un chapitre que nous lui consacrerons.

A l'instar des autres corporations, les chirurgiens-barbiers de notre cité possédaient des armoiries, lesquelles n'avaient rien de riant, elles étaient même assez macabres : elles portaient en

3

effet — ainsi que les représente la planche n° 1 — « de gueules à une tête de mort d'or posée en pointe et surmontée d'un trépan d'argent posé en pal » (1).

Il ne faudrait pas croire que la pratique de l'art chirurgical était abandonnée à la fantaisie de chacun ; loin de là, elle était soumise à une réglementation des plus sévères ; celle-ci élaborée par la communauté elle-même était présentée ensuite à l'approbation de l'autorité communale qui, après l'avoir sanctionnée, en surveillait l'application. Plus tard, lorsque Cambrai devint ville Française — en 1678, — les édits royaux réglèrent à leur tour les droits et les devoirs des chirurgiens.

Les plus anciens statuts dont nous ayons connaissance datent du XIVᵉ siècle ; ils ne sont probablement qu'une copie d'autres ordonnances antérieures, à en juger par leur rédaction qui permet de les faire remonter au XIIIᵉ siècle (2).

Ces statuts furent renouvelés et amplement modifiés en 1632 (3) puis en 1668 (4), ceux que l'on publia à cette dernière date restèrent en vigueur jusqu'à la promulgation des édits de 1692 (5), de

(1) Docteur H. DAUCHEZ, ancien interne des Hôpitaux de Paris, — Les Armoiries des chirurgiens de Saint-Côme, d'après l'Armorial de D'HOZIER, p. 36.— Picard, édit. Paris.
(2) Voir : Pièce justificative n° 1.
(3)   id.   n° 2.
(4)   id.   n° 3.
(5)   id.   n° 4.

1730 et de 1772, pour n'indiquer que les principaux. Ces trois édits apportèrent de notables modifications aux règlements primitifs.

C'est d'après les diverses dispositions de ces règlements et en nous inspirant de nombreux documents puisés aux archives communales de Cambrai et encore inédits, que nous allons essayer de faire revivre la corporation des anciens chirurgiens de notre cité.

Nous étudierons d'abord le futur chirurgien dès son entrée en apprentissage jusqu'au moment de son admission à la maîtrise. Puis, quand il sera muni de son brevet de maître, nous le considérerons comme simple chirurgien, comme chirurgien des pauvres et des épidémies, comme accoucheur et comme chirurgien militaire. Nous l'examinerons ensuite dans ses revendications contre l'exercice irrégulier de l'art chirurgical, dans ses rapports avec ses confrères, avec ses clients et avec l'autorité. Enfin, pour terminer, nous pénétrerons avec lui dans le sanctuaire de sa confrérie.

CHAPITRE II

L'apprenti

Aucune personne, quelle que fut sa qualité ou sa condition : ecclésiastique, religieux, noble, bourgeois, ou autres, ne pouvait exercer la chirurgie sans avoir préalablement conquis le diplôme de maître :

« Nul ne polra audit Cambray eslever son mestier de chirurgien ne soit (à moins) que préalablement il soit recheu à maistre et ayt deument satisfait aux articles (du réglement) sur telle correction arbitraire que trouverons au cas appartenir. » Ainsi le voulaient les statuts (1).

Pour réaliser cette conquête, c'est-à-dire, pour avoir le droit « de tenir boutique ouverte, » l'aspirant n'était pas obligé de fréquenter les écoles, — ce qui eût été d'ailleurs fort dispendieux et non moins dérangeant pour la plupart, — il lui suffisait de se faire agréer par un des maîtres établi dans la ville, et, après lui avoir promis obéissance et fidélité, après s'être acquitté d'un droit d'apprentissage qui fut d'abord de dix sols (2), dont la moitié au profit du maître et

---

(1) *Arch. Com.* H. H. 10, Police n° 1. (1625-1758), Règlemens des corps de métiers de Cambray,— Règlement général et lettres de police pour les chirurgiens et barbiers, 1632.

Voir la pièce justificative, n° 2. Considérations générales.

(2) En 1632, ce droit fut porté à quatre livres pour les

l'autre pour « *la boiste* » (1) de la communauté, il était admis en qualité d'apprenti pour une durée de deux années entières et consécutives.

Cette admission devenait définitive par un accord entre le maître et le père de l'apprenti ou son fondé de pouvoir. D'abord verbales ces conventions entre les deux contractants n'offraient guère de poids ni de garanties ; aussi par la suite, on les rédigea par écrit et on les inscrivit sur un registre spécial dont les mayeurs avaient la garde. Pour plus de sûreté encore, et dans le but d'éviter toute contestation, beaucoup de ces engagements étaient pris par devant notaire. Plusieurs de ces contrats ont été conservés dans les archives des tabellions de Cambrai. Voici, à titre d'échantillon, l'un de ces contrats :

« Comparut personnellement le sieur Jean Lair bourgeois chirurgien demourant à Cambray et recognut volontairement que, parmy et moyennant la somme de quarante florins monnois de Flandre, que le sieur Antoine Dellebart demourant à Walincourt, pour et aussy présent et comparant,

---

apprentis étrangers et à quarante sols pour les fils de maître natifs de Cambrai.
— *Arch. Com.* H. H. 10, Police n° 1. Règlement des chirurgiens et barbiers.

Voir la pièce justificative, n° 2. Considérations générales.

En sus de ce droit, chaque valet ou apprenti devait, tous les ans, verser cinq sols pour la confrérie, sous la responsabilité du maître. — Idem. — Ces sommes à payer varièrent beaucoup avec le temps et les circonstances.

(1) La boîte était la caisse de secours pour venir en aide aux confrères malades, ou pour faire face aux différentes charges de la communauté.

at promis et s'est tenu obligé payer audit sieur
Lair, scavoir : vingt florins en dedans le jour de la
St-Jean prochain venu, et les autres vingt florins
restants après le terme ci-après déclaré, aussi
deux charretiers de bois de fasceau (fagot) qui
feront en tout six cordons, à les livrer scavoir une
charreté aussi à la St-Jean prochain et l'autre à la
St-Jean du suivant, le tout comme en sa propre
dette toute reconnu et manifeste ; à ces causes
ledit sieur Lair a promis et sera obligé tenir au
dessoubz de lui Pierre Dellebart son sus dit fils,
deux ans entiers pour apprendre son style et art
de chirurgie, dont les dits deux ans finiront aux
Toussaints de l'an que l'on dira mil-six-cent-
huictante et un.

A quoy les parties respectives ont promis tenir
et entretenir de poinct en poinct et par la manière
dicte par leurs foy et serment soubz l'obligation de
leurs corps et bien présentes et futures et sur
soixante patars de paines.

Fait et passé en Cambray par devant le notaire
public y résidant soussigné, le sixiesme may mil-
six-cent-septante-nœuf et passé par devant vénérable sieur Pierre du Buissy, presbtre prévost et
chanoine du vénérable chapitre de Walincourt et
Pierre Lestocquart à nous requis et évocqués.

Signé : Jean Lair, Antoine Delbarre,
Lengrand, not^{re}. » (1).

(1) *Archives des Tabellions de Cambrai*, Farde 1679 ;
(Actes de Me Lengrand. Etude de Me Decupère).

De même que de nos jours les étudiants sont astreints à suivre régulièrement les cours, s'ils ne veulent perdre le bénéfice de leur inscription, ainsi jadis l'apprenti qui, sans motifs sérieux, abandonnait son maître, ne fût-ce que pour quelques jours, perdait ses droits d'entrée et était obligé de recommencer son stage.

Plus tard, les exigences croissant avec le temps, on trouva que deux ans pour former un sujet à la pratique de la chirurgie, c'était bien insuffisant. C'est pourquoi le Magistrat, dans ses règlements parus le 17 septembre 1668, décida que les aspirants à la maîtrise seraient astreints à faire, en plus de leur temps d'apprentissage, une année de stage dans les hôpitaux, avant de pouvoir affronter les examens :

« Comme il est venu à nostre cognoissance que la plupart des maistres chirurgiens de ceste dite ville (Cambrai) quoy qu'experts en leur art, aiant des jeunes apprentifs chez eux, manquent d'employ, en sorte que les deux années d'apprentissage viennent à s'écouler sans par les dits apprentifs en avoir eu peu ou point de besongne pour en apprendre l'opération, et mectre les règles et préceptes de la chirurgie, consistant en l'opération manuelle en pratique, qui cause qu'ils n'acquièrent pas l'expérience nécessaire à leur réception à maistrise. Nous ordonnons que désormais les dits apprentifs, par dessus et après les deux années d'apprentissage ordonnés chez l'un ou l'autre des maistres de la dite confrérie, debvront avant se présenter à passer maistre, travailler un an aux hospitaux de ceste

ville ou autre, en la présence du médecin et du
chirurgien des dits lieux ; ordonnons à ceux de
ceste ville de leur permettre de faire tant bandages
que saignées et autres opérations de la chirurgie
afin d'apprendre à les pratiquer bien et utilement,
et que les dits médecins et maistres-chirurgiens
puissent leur monstrer et enseigner leurs deffauts
selon que l'arts, la charité et la raison le requerra,
en quoy les pauvres blessés et incommodés des
dits hospitaux relévront quelque soulagement. » (1)

La durée du stage ne demeura pas toujours la
même, à plusieurs reprises on la prolongea, si
bien que finalement elle fut fixée à quatre ans.

Considéré comme un simple ouvrier, un serviteur
vulgaire tenu de se prêter à toutes les besognes,
l'apprenti avait une situation pénible, car on ne
chômait guère dans le service d'un barbier-
chirurgien.

Le matin, à peine le coq avait-il chanté, que
l'apprenti se levait pour balayer la boutique et
l'ouvrir, afin de ne pas perdre la petite rétribution
que quelque manœuvre, se rendant au travail, lui
donnait pour se faire raser en passant. Puis,
jusqu'à deux heures de l'après-midi, il lui fallait
se rendre chez les particuliers pour les soins à
donner aux chevelures et aux perruques, pour
dresser les papillotes aux uns, passer le fer aux

(1) *Arch. Com.* H. II. 10, Police n° 1. Règlemens des
corps de métiers de Cambray ; folio 131, art. 2
Nouveau règlement pour les chirurgiens et barbiers.
Voir pièce just. n° 3.

autres, et faire le poil à tous (1). Rentré dans la
boutique, après multiples courses, il fallait
examiner et panser les malades qui se présentaient.
Entre temps, il accompagnait son maître pour
l'aider dans les opérations et dans les pansements,
parfois même il était tenu de le suppléer.

De son côté, le maître qui n'avait garde d'oublier
ses intérêts, tâchait de profiter de son élève : s'il
était obligé de lui apprendre son métier, de
l'héberger et de le nourrir ; s'il lui abandonnait
quelques légères rétributions, il entendait bien
avoir une compensation, et cette compensation, il
la prenait aussi large qu'il le pouvait.

La puissance du maître était d'autant plus
grande que l'apprenti s'était voué à lui tout entier,
qu'il ne pouvait le quitter sans une autorisation
écrite et qu'il se voyait menacé des sévères
répréhensions des mayeurs de la corporation, s'il
ne remplissait pas ponctuellement ses engagements.

Ce n'est pas sans raison que le poëte latin l'a dit
dans un vers fameux : «la soif de l'or incite à tous
les méfaits » ; la cupidité poussait parfois certains
maîtres aux plus vils expédients, le trait suivant
nous en fournira un exemple :

Un habitant de Marcoing, G. Wacquet, avait
placé son fils en apprentissage chez un nommé
Charles François Lefrancq, chirurgien à Cambrai.
Sur les craintes insidieusement exprimées par le
susdit maître chirurgien de se voir éventuellement

_____

(1) A cette époque, l'on n'avait pas encore pris l'habitude
de se raser soi-même.

abandonné par son apprenti, le père Wacquet, pour le rassurer, s'était engagé, le cas échéant, à verser une indemnité assez importante. Maître François était aussi fourbe que cupide ; aussi considérant que, vu cette convention, il était pour lui plus avantageux de chercher à faire surgir cette éventualité que de l'éviter, il se mit à malmener de toutes les manières son apprenti afin de le décourager et de le forcer à s'en aller. Mais il avait affaire à un père qui n'était pas un naïf ; mis au courant de ce qui se passait, celui-ci fut pris d'indignation et s'empressa d'en référer au Magistrat dans une lettre que nous transcrivons :

« A Messieurs M. les Eschevins et Magistrat de la ville de Cambray,

Remontrent humblement Guillaume Wacquet, clercq de Marcoing et Robert son fils, valet et apprentif chez François Lefrancq, maistre chirurgien en cette ville, disant que dimanche dernier, vingt-neuf de ce présent mois d'Aoust, le dit Lefrancq auroit été si cruel et inhumain que pendant que le dit Robert faisait son travail sans penser à aulcune chose, il lauroit frappé et mal traitté avec toultes les oultrages qu'on peut excogiter, luy ayant inféré divers coups de pieds par plusieurs fois, et non content de ce pour pousser sa rage plus avant, il luy auroit porté et inféré plusieurs coups de poing en sa face, à la bouche, et sur son net, en telle sorte qu'il est resté tout ensanglanté, et ce en présence de plusieurs personnes de considération qui estoient esmeus de pitié et admiration, de tant plus qu'il n'y avoit

aulcun faict pour faire ces mauvais traittements
et tirannies selon qu'il est plus particulièrement
repris et déduit en mémorial en forme de requeste
allant cy joint, qu'on prie Messieurs les Jurés de
considérer pour en conséquence y estre fait droict,
sommier selon qu'en justice il appartiendra. » (1).

Nous ignorons quelle fut la réponse du Magistrat ; néanmoins il est permis de supposer qu'en
présence de telles doléances et de tels méfaits, il
ne resta pas indifférent, et qu'après avoir verte-
ment admonesté le chirurgien coupable, il libéra
le malheureux apprenti de ses engagements.

Mais, il faut bien le dire aussi pour être juste,
si parfois les apprentis avaient à se plaindre des
mauvais traitements de certains maîtres, d'autre
part de combien de médisances, d'infidélités, de
révoltes et d'espiègleries, ces mêmes apprentis ne
se rendaient-ils pas coupables à leur tour, assurés
qu'ils étaient le plus souvent de l'impunité, car la
négligence des mayeurs chargés de les surveiller
était devenue une habitude.

Pour n'en donner qu'un exemple, citons la
requête d'une veuve de maître :

« A Messieurs M. du Magistrat de la ville de
Cambray.

Remontre humblement la veuve Alexandre
Ledieu vivant maître chirurgien de cette ville,
disant que François Blondel ayant travaillé quelque temps chez elle et ayant cognu toutz ses

---

(1) *Arch. Com.* F. F. 137. Procédure civile, 1694.

chalands, il s'est mis en tête de travailler séparément dans la rue de Cantimpret au voisinage de
la suppliante où il a attiré toutz les chalands de la
dite veuve, ce qui luy fait un tort considérable et
ote à elle et à sa pauvre famille les moiens de
subsister malgré l'ordonnance de vos seigneuries
rendu à la diligence des mayeurs des chirurgiens
par laquelle il luy fut fait deffenses de ne
plus travailler soub peine d'être puny comme
désobéissant à justice ; il continu cependant au
mépris des ordonnances de la chambre et du
réglemens du corps, ce qui a obligé la suppliante
de s'en plaindre aux mayeurs pour faire leur
debvoir, recours à vous, Messieurs, affin qu'il vous
plaise évoquer par devant vous les dits mayeurs
et leur enjoindre de faire leur debvoir à cet égard
en acquit du serment qu'ils ont prété, comme
ausy d'évoquer le dit Blondel pour être puny
comme désobéissant à justice et infracteur de
ses ordonnances demandant dépens et ferez
justice.

14 juin 1716. » (1).

Les dits mayeurs et le dit Blondel furent de fait
convoqués pour paraître en pleine chambre, mais
aucun document ne nous a révélé les décisions
prises par le Magistrat au sujet de cette remontrance.

Maintenant que nous avons dépeint la situation
de l'apprenti, si nous voulons examiner de plus
près les résultats de son apprentissage au point de

(1) *Arch. Com.* H. H. 28, n° 34.

vue purement scientifique, nous reconnaîtrons
bien vite que tout son savoir se bornait à très peu
de choses, surtout si nous nous reportons à une
époque reculée. Dépourvu de toute éducation
préparatoire, n'ayant pas la moindre teinture des
belles-lettres, ne connaissant que le jargon de son
pays, l'apprenti se trouvait hors d'état — et il en
fut ainsi jusqu'à la fin du XVIe siècle — de
comprendre et d'interpréter les auteurs qui étaient
alors presque tous écrits en latin. Il manquait
par conséquent de toute notion théorique, et ne
possédait que quelques éléments d'une pratique
routinière, acquise non sans peine auprès de
maîtres eux-mêmes peu instruits, mais toujours
satisfaits de se montrer respectueux du *modus
faciendi* de leurs prédécesseurs, sans jamais avoir
même l'idée d'y introduire la plus minime modification.

Il faut en convenir, c'était une bien grave lacune
de l'enseignement chirurgical en Province ; on ne
commença à la combler qu'aux XVIIe et XVIIIe
siècles, c'est-à-dire aux époques où il se rencontra
des praticiens distingués qui, joignant une science
aussi vaste que profonde à la rectitude de l'esprit
d'observation, parvinrent ainsi à élever notable-
ment le niveau de leur art.

A Cambrai, comme dans beaucoup d'autres
villes de Flandre, on institua, par édit du roi en
1692, un cours d'anatomie « pour donner moyen —
dit un article de cet édit — aux aspirants et même
aux maîtres chirurgiens d'apprendre les connaissances qu'ils doivent avoir du corps humain ».

Une fois par an, pour le moins, dans une salle réservée à cet usage, un chirurgien, sous la surveillance d'un docteur en médecine, était tenu de faire une démonstration sur l'ostéologie et sur les autres parties de l'anatomie (1).

Malheureusement, comme nous aurons l'occasion de le voir par la suite, les chirurgiens n'ayant guère l'habitude de la parole et peu lettrés, donnaient irrégulièrement leurs leçons. Il est vrai qu'à côté de ces cours officiels, il y avait des cours libres : certains maîtres de la ville ou étrangers se mettaient gracieusement à la disposition des garçons-chirurgiens pour leur apprendre les principes de la chirurgie, les affections des tissus et les opérations habituelles. Mais généralement ces professeurs libres se bornaient à expliquer des passages d'un auteur quelconque dont ils donnaient lecture, ou bien encore, ils se contentaient tout bonnement de lire les notes qu'ils avaient recueillies.

Nous avons retrouvé sur un petit billet écrit à la main et destiné à l'impression, pour être ensuite distribué aux apprentis, l'annonce d'un de ces cours, c'est celui d'un nommé Raussin, chirurgien du Roi :

« Les garçons chirurgiens de Cambray et d'ailleurs qui voudront estre estudians en chirurgie théorique et pratique sont advertys que le sieur Raussin, chirurgien du Roy, qu'environ la my

---

(1) *Arch. Com.* H. H. 28. Edit du Roi Louis XIV, Février 1692. Voir pièce justificative n° 4, art. 9e.

juillet, il en ouvrira chez lui une escolle publique qui se tiendra les lundys et les vendredys de chaque semaine, depuis midy jusqu'à trois heures pendant toute l'année, et qu'après un premier cours bien complet, il en recommencera un second, puis un troisième et ainsy en continuant de cours en cours pour les rendre capables de passer maistres honorablement au chef-d'œuvre qu'ils auront à faire en la ville où ils voudront s'establir. Et que pour les exciter à une émulation d'apprendre, il récompensera en chaque mois, par un prix de la profession, celuy d'entre eux qui y aura excellé par dessus les autres tant en la science qu'en la praticque d'icelle. » (1).

L'intention de faire un cours était assurément des plus louables ; malgré cela, il fallait auparavant obtenir l'autorisation du Magistrat. Cette mesure n'aurait-elle eu que l'avantage d'éloigner les maîtres incapables ou indignes de professer, cela suffisait pour la justifier. Le sieur Raussin, ainsi que nous allons le voir dans sa requête ci-après transcrite, ne voulut pas se soustraire à cette obligation.

« Messieurs M. du Magistrat de la ville de Cambray,

Le sieur Raussin, chirurgien du roi, ne voulant faire aucune démarche de sa profession qui ne soit agréable à voste auguste corps si affectionné au bien de vos concitoyens, il vous expose avec la

_____

(1) *Arch. Com.* H. H. 28, no 37. (An 1697).

présente le billet manuscrit par lequel il a advertit les garçons chirurgiens de vostre ville, qu'il est prest à leur enseigner, dès le mi juillet prochain, non seullement à estre scavans en leur profession, mais encor à estre autant adroits pour le bien pratiquer que leur conscience et leur honneur les obligent de le scavoir, sans faire tort à la vie et aux parties du corps de leurs malades.

Il a crû que le respect qu'il doit à vos seigneuries, ne luy permettait pas de faire imprimer ny distribuer à ces garçons ce billiet, sans en avoir l'agréement exprés de vos seigneuries. Et tout aussy tost que vous luy aurez accordé, il procédera à cette entreprise ». (1).

A l'instar des villes de Lille et de Valenciennes, Cambrai eut aussi l'honneur de compter parmi ses professeurs libres de chirurgie, le célèbre Jean-Louis Petit (2) ; sur les instances du Magistrat, il voulut bien, pendant l'hiver de 1698, donner des leçons qui attirèrent de nombreux auditeurs et eurent tout le succès qu'elles méritaient.

Les cours libres — alors comme aujourd'hui — rendaient les plus grands services aux élèves avides de s'instruire.

---

(1) *Arch. Com.* H. H. 28, n° 36.

(2) PETIT (Jean-Louis) naquit à Paris en 1674, et mourut en 1750. Chirurgien et anatomiste des plus distingués, il fut membre de l'Académie des sciences, censeur royal, puis démonstrateur, enfin directeur de l'Ecole Royale de chirurgie. On lui doit quelques découvertes pathologiques et l'invention d'instruments utiles, tel que l'ingénieux tourniquet pour suspendre le cours du sang dans les artères.

4

CHAPITRE III

Le chef-d'œuvre et les examens,
la réception.

Le temps d'apprentissage écoulé, il restait à accomplir les formalités d'où dépendaient à la fois l'admission à la maîtrise et le droit d'exercer.

Suivant l'usage primitivement établi à Cambrai, l'apprenti devait tout d'abord remettre à la chambre échevinale un certificat signé du maître chez qui il était resté, et constatant qu'il avait accompli convenablement son apprentissage, qu'il s'était comporté « en honneste garçon avec toute sorte de fidélité et d'assiduité, » et qu'il avait payé tous les droits, ainsi qu'il appert de l'attestation suivante signée de la veuve d'un maître chirurgien :

« La soubsigné certifie et atestra pardevant qu'il apartiendra, que le nommé Jean François Joseph Watier at esté chez moy en aprentisage aux environs des deux ans, dont il c'est comporté en honeste garçon avec toute sorte de fidélité et assiduité, et a payez le contenut de ces aprentisages, on prie un chacun dy ajouter pleine foy tant en justice que dehors au présent contenut.

Fait à Cambray, ce 9 septembre 1734,

A signé le dit contenut

la v^{ve} LEFRANCQ. » (1).

(1) *Arch. Com.* H. H. Liasse 28, n° 27.

Venait ensuite l'épreuve du chef-d'œuvre (1) ;
l'apprenti était tenu de se rendre successivement
dans la boutique de chacun des trois mayeurs
pour y travailler à ses frais pendant six jours, dont
deux en présence des dits mayeurs : « Qu'il ne
soit barbieurs ne *(ni)* barbiresse en ceste cité et
banlieue demourant, qui puist doresmais *(désormais)* lever *(entreprendre)* son mestier de barberie
jusquesadont quil ara ouvré *(travaillé)* és *(dans)*
ouvroirs *(boutiques)* des maïeurs ad ce comis de
par nous, en chascun de leurs ouvroirs par
(pendant) six jours, à ses propres despens, dont
ce deux jours en la présence des maïeurs. » (2).
Ces derniers lui remettaient trois fers qu'il devait
« accommoder en les usans et récurans en telle
sorte que de les rendre en forme de lancettes
bonnes et suffisentes pour saigner, bien les
accomodé dans la balaine avecq les petites manchettes d'argent. » (3).

On lui posait ensuite quelques questions, « sur
les faicts de l'anatomie, des aposteumes, des
ulcères, des plaies, des fractures et dislocations »,
il pratiquait une saignée et rasait un client.

---

(1) Autrefois on nommait ainsi un ouvrage difficile que
devait confectionner tout artisan aspirant à la maîtrise, afin
de faire preuve de capacité dans son métier. C'était une
excellente garantie offerte aux maîtres et au public et qui a
toujours été jugée nécessaire par toutes les anciennes
corporations.

(2) *Arch. Com.* A. A. 101, Livre aux bans, les Barbieurs,
fol. 253. Voir pièce justificative nº 1, art. 1.

(3) *Arch. Com.* H. H. 10, Police nº 1. Règlement pour
les chirurgiens et barbiers. Voir pièce justificative nº 2.

Telles étaient les épreuves que l'on avait à subir pour devenir maître chirurgien - barbier au XVᵉ siècle. Il faut avouer que ces épreuves n'étaient pas très redoutables ; néanmoins, le candidat trouvait encore moyen de les simplifier et de les rendre plus faciles : il avait en effet l'avantage très appréciable d'être seul en tête-à-tête avec les mayeurs. Or, ces dignitaires, au moins en général, ne se distinguaient guère par la délicatesse, à tel point que certains d'entre eux n'éprouvaient aucun scrupule, aucune honte, à demander des boissons : bière, vin ou eau-de-vie ; d'aucuns même poussaient le sans-gêne ou plutôt l'inconvenance jusqu'à se faire régaler dans les cabarets, ou exiger des cadeaux. Comment après cela se montrer sévère ou tout au moins impartial ? Aussi qu'arrivait-il ? C'est que bien souvent les candidats ignorants et incapables étaient préférés à d'autres plus méritants, mais moins forts pour la régalade.

Il importait de couper court à de pareils abus aussi révoltants que préjudiciables au bien public ; pour les extirper, le Magistrat défendit expressément aux mayeurs d'exiger le moindre cadeau, de se faire donner des boissons ou même d'accepter à dîner, sous menaces de fermeture de leur boutique avec l'interdiction d'exercer la chirurgie pendant un mois. D'autre part, tout candidat convaincu d'actes de corruption était ajourné à un an. Enfin, pour rendre impossible toute fraude, le Magistrat, sur les instances des membres de la communauté des chirurgiens-barbiers, décida que deux échevins accompagnés du médecin de la

ville seraient convoqués pour assister à l'examen :
« A la remontrance, requeste et supplicacion des
maïeurs et maistres ouvriers barbieures de ceste
cité et duché de Cambray, nous prévostz et
eschevins avons ordonné et statué, ordonnons et
statuons que doresnavant, quant aucuns compaignons barbieurs volront estre recuz et passer à
maistre, aprez quil aura ouvré et préparé ses fers
à saignier ès maisons et ouvroirs des maistres,
selon et ainsy quil est ci devant déclairé et contenu
à la visitacion qui se fera desdits fers et à l'examen
du dit barbieur voullant estre reçu à maistre,
avec les maïeurs et maistres ouvriers de ceste cité
qui feront la dite visitacion et examen en la
manière acoustumée, seront ad ce présens et
évocquiez deux de nous eschevins et le medechin
de ceste ditte cité, pour enbler (enlever) toulte
fraulde qui s'en polroit ensuivir.

17ᵉ jour de juillet 1528. » (1).

A mesure que s'élargissait le cercle des connaissances, il était juste de modifier dans une égale
proportion les conditions d'admission des chirurgiens-barbiers ; c'est pourquoi le Magistrat se mit
d'aceord avec le conseil de la communauté des
chirurgiens-barbiers pour rendre les examens plus
longs et plus sévères.

Les statuts de 1632 et de 1668, les derniers publiés
en dehors de l'ingérance royale, nous apprennent

(1) *Arch. Com.* A. A. 101. Livre aux bans, fol. 255, vᵒ.

que les aspirants à la maîtrise, après l'accomplissement de leur stage dans les hôpitaux, devaient travailler pendant trois semaines dans la boutique des mayeurs et accomplir toute la besogne qui se présentait tant chez eux que dans la ville, avant de pouvoir affronter les épreuves de l'examen. La commission chargée de présider à ces examens se composait des deux échevins semainiers, des mayeurs et de cinq des plus anciens maîtres. Ces membres du jury se réunissaient dans une salle dite des examens, parce qu'elle lui était spécialement affectée, et chacun d'eux posait au candidat trois questions sur les différentes parties de la chirurgie. Ces questions étaient faites en présence de deux docteurs qui décidaient en dernier ressort « si les dites questions étaient proposables et nécessaires d'être sues et résolues par le candidat, sans que les autres maistres chirurgiens quoy que présens au dit examen pussent en proposer aucunes autres ny agiter les proposées. » (1).

L'édit de Février 1692 apporta également quelques modifications dans les conditions d'admission à la maîtrise. Il fit entrer parmi les membres du jury les chirurgiens-jurés dont nous avons vu l'établissement en charge. Ces jurés avaient seuls le droit de présider aux examens et aux réceptions des aspirants à l'art de chirurgie.

Aucun candidat ne pouvait être admis aux

---

(1) *Arch. Com.* H. H. 10, Police n° 1. Règlement de 1668 ; art. 8. Voir pièce justificative n° 3.

examens s'il ne produisait un certificat de bonnes vie et mœurs ; il devait avoir fait son apprentissage pendant deux années, et prouver en surplus qu'il avait servi pendant quatre ans chez un ou plusieurs maîtres. Un service de six années chez un ou plusieurs maîtres, ou encore quatre années passées dans les hôpitaux, soit civils, soit militaires, pouvaient dispenser du temps d'apprentissage (1).

Parmi les modifications successivement apportées dans le mode des examens, la plus importante date de 1730. En vertu de l'ordonnance du roi publiée cette année-là, les aspirants à la maîtrise devaient commencer par présenter une requête au lieutenant du premier chirurgien du roi pour être admis à subir les examens. A cette requête devaient s'adjoindre les certificats mentionnés ci-dessus, avec en plus une attestation que le candidat n'avait pas moins de vingt-deux ans et qu'il appartenait à la religion catholique.

Pour les petites villes comme Cambrai, le candidat avait à subir deux examens :

Le premier roulait sur l'anatomie, l'ostéologie, les fractures, les luxations et les bandages.

Le deuxième avait pour objet les saignées, les apostèmes, les plaies, les ulcères, enfin les médicaments.

La déclaration royale de 1772 ajouta un troisième

---

(1) *Arch. Com.* H. H. Liasse 28 ; Edit du Roi Louis XIV, Février 1692. Voir pièce justificative n° 4, art. 6.

examen qui comprenait la pratique des accouchements.

Voilà tout ce qui était exigé, au XVIIIe siècle, pour être reçu chirurgien dit de *légère expérience*. Pourvu de ce titre, on ne pouvait exercer que dans les petites villes et l'on n'avait le droit « ni de faire les grandes opérations : trépan, taille, fistule, etc...., ni de lever les grands appareils, dont l'emploi était réservé aux maîtres en chirurgie.» (1). Il était également interdit aux chirurgiens de petite expérience « de s'établir dans un autre lieu que celui pour lequel ils avaient été reçus, sans avoir obtenu l'autorisation du collège dont ils ressortissaient, et sans avoir au besoin subi un nouvel examen.» (2).

Bien plus, comme le témoigne un certificat d'examen de chirurgien étranger, il ne suffisait pas toujours au postulant de passer de nouveaux examens, mais il avait à justifier l'accomplissement d'un stage. Faute de quoi, il lui était formellement interdit d'exercer en aucune façon la chirurgie, s'il n'avait au préalable rempli cette dernière condition, ce que le postulant déclarait accepter sous la foi du serment :

« Le 21e jour du mois de mars 1692, par devant honorables hommes Arnould Nicolas Le Merchier et Anthoine François Molletz, licentié ès lois,

----

(1) Docteur Alexandre FAIDHERBE. *Les médecins et les chirurgiens de Flandre avant 1789*, p. 79. Lille. Danel imp. 1892.

(2)   id.

eschevins sepmaniers de la ville de Cambray, en
présence d'honorables hommes Amé et Jean
Jérôme Bourdon père et fils, licentiez en médecine,
et de tous les maistres chirurgiens de la dite ville,
Adrien Lemergerie s'est présenté pour subir
l'examen et, ensuitte de ses responses, pouvoir
estre admis maistre comme les aultres, ensuitte
de quoy, ayant subit l'examen et respondu aux
questions qui luy ont esté proposées tant par les
dits sieurs médecins que chirurgiens, après avoir
recueillie les voix de tous les assistans, les maistres
chirurgiens composants leur corps ont receu et
admis le dit Lemergerie à maistre, à condition de
ne pouvoir faire aucune opération de l'arte de
chirurgie, non plus petitte que grande, pendant
l'espace de trois ans directement ou indirectement,
ny penser la moindre playe pendant le dit temps,
pour quelle cause ou prétexte que ce puisse estre,
à peine de douze livres d'amende pour chaque
contravention, et oultre ce, d'aller pendant le
même temps, deux fois chacque sepmaine, aux
hospitaux dont il fera apparoir par certificat au
bout de trois ans, à peine que s'il estoit desfaillant
d'aller ausy hospitaux, il sera obligé de recommencer trois nouvelles années, avant pouvoir
exercer pleinement le dit arte, ce qu'a esté accepté
par le dit Lemergerie, et à tout quoy il s'est obligé
par ses foy et serments, soub les peines avant
dittes, et de soixante solz tournois de peine à
donner.

Ce fut ainsy fait et passé au dit Cambray par
devant le nottaire publicque de la résidence du

lieu en présence desdits sepmaniers, les jour, mois et an susdits.

Signé : Adrien Lemergerie, Dehorne, Le Claucquy, Antoine Crocqfer, François Taisne, Clément Cauvins, Pierre Piérez, Charles Cauchy, Carreaux, François Lefrancq, Pierre Fuzelier, Michel Lobry. » (1).

Quant à ceux qui voulaient se fixer dans les grandes villes : Lille, Douai, Valenciennes, ils devaient subir des examens beaucoup plus sévères et plus complets (2), alors ils devenaient des

---

(1) *Arch. Com.* H. H. Liasse 28, n° 47.

(2) Voici, conformément à l'ordonnance royale de 1772, quels étaient les examens prescrits pour l'obtention du grade de maître en chirurgie. Ces examens, au nombre de cinq, comprenaient :

1° *L'immatricule* « ou examen sommaire à la suite duquel le candidat, reconnu capable d'être admis au grand chef-d'œuvre, était inscrit sur les registres de la communauté comme aspirant à la maîtrise ».

(Alfred Franklin. *La vie privée d'autrefois, les chirurgiens*, p. 153). Paris, Plon, édit 1893.

2° *La tentative,* cet examen était subi en présence de l'assemblée générale du collège. On posait au candidat quelques questions sommaires et on examinait la valeur de ses titres.

3° *Le premier examen*, « il portait sur les principes généraux de la chirurgie, la physiologie, la pathologie et la thérapeutique chirurgicale ».

(Dr A. Faidherbe. *Les médecins et les chirurgiens de Flandre avant 1789*, p. 78).

4° *Les examens des quatre semaines*, « ils se passaient de deux mois en deux mois. A la fois théoriques et pratiques, ils se composaient chacun de deux séances et portaient, le premier, sur l'ostéologie, les affections du squelette et les moyens de les guérir ; le second, sur l'anatomie et la

maîtres de *grande expérience,* ainsi qu'on les appelait.

L'aspirant qui n'avait pas donné satisfaction à ses examens était ajourné pour le minimum à trois mois.

Dans certaines circonstances exceptionnelles et pour encourager le candidat malheureux, on lui permettait de pratiquer la saignée et de remplir l'office de barbier pour un temps limité, ainsi qu'il ressort de l'autorisation suivante :

« Sur la remonstrance faicte en plaine chambre par Bartolomé de Fontaine et Michel Mille, aux fins d'estre admis à exercer la chirurgie ensuitte de l'examen par eulx supporté depuis cincq à six jours, et ouis les sieurs Cresteau avecq tous les maistres chirurgiens de ceste ville différentz en voix pour la réception et admission aux dit exercice, Messieurs par grace spécialle ont accordé et accordent que les dits de Fontaine et Mille pourront s'emploier aux saignées et à barbier

---

physiologie, avec dissection à l'appui ; le troisième, sur les diverses opérations et les accouchements, avec manipulation sur le cadavre et sur le mannequin. Quant au quatrième, on y parlait, dans la première séance, des indications et de la pratique de la saignée, et, dans la seconde, des divers médicaments que les chirurgiens ont l'occasion d'employer ».

(Dr A. FAIDHERBE. *Les médecins et les chirurgiens de Flandre.....,* p. 78).

5º *Le dernier examen et le serment,* « le candidat devait faire un rapport écrit sur une ou plusieurs maladies. Il prêtait ensuite le serment accoutumé entre les mains du premier chirurgien du roi, de son lieutenant ou de l'un des prévôts ».

(A. FRANKLIN. *Les Chirurgiens,* p. 157).

seullement jusques d'huy en un an, auquel temps
ou auparavant ils se pourront présenter par devant
les maistres chirurgiens et docteur sermenté,
conformément aux lettres de police, pour estre
examinés de nouveau, et après avoir recognu leur
capacité ou incapacité, les admettre au dit exercice
de chirurgie absolument, sinon les rejetter et
renvoier, mesme leur deffendre de saingner et
barbier ultérieurement, veu que la grâce cy dessus
n'est que pour un an seulement datté de ceste, à
condition toutteffois, que pendant le dit temps
d'un an, iceulx ne pourront exposer ou pandre
aucuns bachins à la porte, ains les pandront à
leurs fenestres par dedans leurs maisons.

Vingt-et-un Novembre 1662. » (1).

Lorsque le candidat avait été jugé « capable et
ydoine » à la pluralité des suffrages, il devait être
reçu maître. Sa réception était inscrite sur un
registre et signée de tous les membres présents ;
puis on remettait au récipiendaire ses lettres de
maîtrise, lesquelles, à partir de 1750, durent être
enregistrées au bailliage ou à la sénéchaussée
royale de l'endroit.

Le nouveau maître prêtait ensuite le serment de
fidélité sur la petite table de la confrérie (2). Il
promettait solennellement d'obéir aux mayeurs,

---

(1) *Arch. Com.* H. H. 10, Police nº 1, Règlemens des
corps de métiers de Cambray, fol. 128, verso.

(2) *Arch. Com.* H. H. 10, Police nº 1, Règlement pour
les chirurgiens et barbiers, 1632. Voir pièce justificative
nº 2, art. 2.

de respecter ses confrères, de s'abstenir de tout
mal et de toute injustice, d'être discret, d'éviter
tout méfait volontaire et corrupteur, en un mot
d'observer ponctuellement les règlements en usage
dont on lui donnait lecture.

Pour clore toutes les formalités, il restait à payer
les droits afférents au grade de chirurgien-barbier.
Ces droits varièrent suivant les époques : vers le
milieu du XVᵉ siècle, ils n'étaient que de soixante
sols, si nous nous en rapportons aux premiers
statuts : « avant quil puist lever son ouvroir, il
sera tenu de paier 60 sols tournois pour se
maistrise, les 40 sols aux compaingnons du dit
mestier pour se bienvenue, et les aultres 20 sols au
proffit de la confrérie de Sᵗ Côme et Sᵗ Damien » (1).

Ils augmentèrent avec les règlements de 1632 ;
le récipiendaire payait quatre livres tournois au
profit de la chapelle. Le fils de maître ne donnait
que quarante sols tournois (2).

En outre les nouveaux maîtres étaient tenus de
payer « ung disner honneste » (3) aux mayeurs,
aux deux échevins de semaine, au docteur et aux
autres confrères chirurgiens accompagnés de leurs
femmes. Une somme de cent florins, de vingt

---

(1) *Arch. Com.* A.A.101, Livre aux bans, « Les Barbieurs »,
Règlement. Voir pièce justificative nᵒ 1, art. 1.

(2) *Arch. Com.* H. H. 10, Police nᵒ 1, Règlement pour
les chirurgiens et barbiers, 1632. Voir pièce justificative
nᵒ 2, art. 1.

(3) *Arch. Com.* H. H. 10, Police nᵒ 1, Règlement pour
les chirurgiens et barbiers, 1632. Voir pièce justificative
nᵒ 2, art. 1.

pattars la pièce, devait être remise aux mayeurs pour subvenir aux frais du dit festin.

Les habitants de Flandre — et les chirurgiens pas moins que les autres — avaient la réputation d'aimer la bonne chère et les copieuses libations, comme nous avons déjà eu l'occasion de le faire remarquer dans notre histoire des apothicaires de Cambrai (1), et cette réputation ils la méritaient ; dès lors on devine aisément les excès qui se produisaient, surtout quand, au mépris des règles de bienséance, les réjouissances se prolongaient pendant trois jours, et le cas n'était pas rare, tant s'en faut ; c'était presque l'ordinaire. Les choses allèrent même à ce point que dans les nouveaux règlements de 1668, le Magistrat crut devoir interdire aux dames d'assister à ces agapes sous menace « de deux écus d'amende contre les contrevenans et que les dites femmes et enfans seraient chassés honteusement » (2). N'insistons pas : cette interdiction est assez suggestive pour rendre superflu tout commentaire.

Nos braves chirurgiens se consolèrent bien vite de l'absence de leurs moitiés et continuèrent à festoyer aussi joyeusement — si ce n'est pas plus — qu'auparavant ; ce n'est pas un jugement téméraire que de l'affirmer.

---

(1) Dr Coulon, *les Apothicaires de Cambrai au XVIIᵉ siècle*, p. 7, Paris, J.-B. Baillière et Fils, 1904.

(2) *Arch. Com.* H. H. 10, Police nᵒ 1, Règlement pour les chirurgiens et barbiers, 1668. Voir pièce justificative nᵒ 3, art. 6.

Chaque fois qu'il s'agissait de souhaiter la
bienvenue à quelque nouveau confrère, vite on
profitait de cette occasion pour banqueter, et
veuillez croire que nul n'était sourd à l'appel. Il
ne faut excepter que certains maîtres réduits, en
raison de leur grand âge, au rôle du chat qui se
fait ermite, et comme l'a très bien dit un de nos
confrères poète :

C'était par impuissance, autant que par envie
Qu'ils voulaient supprimer les plaisirs de la vie (1).

Ils auraient préféré, eux, vu le délabrement de
leur estomac, voir abolir toutes ces réunions
bruyantes, ou tout au moins toucher leur quote-
part de l'argent employé en fêtes et en festins. Nous
avons retrouvé la requête de deux chirurgiens de
cette catégorie qui s'en étaient ouverts au
Magistrat ; les raisons qu'ils invoquent sont
intéressantes à citer :

     « A Messieurs M. les Eschevins de la ville,
          citée et duchée de Cambray,

Remontre en toutte humilité Jacques Belle et
Hantoine Guillebert, les deux plus anciens chirurgiens de ceste ville de Cambray, que vos seigneuries
oiroient estez servies par un juste règlement,
remédier aux abbus et désordres qui souloient cy
devant se faire dans leur corps de mestier et
particulièrement dans les festins superflus et
aultres assemblées, ce qu'aulcune de vos dittes

---

(1) Dr GIBERT.— (Correspondant médical, no du 31 Juillet
1906, p. 19).

seigneuries peuvent souvent avoir remarcquié, y estant invitées comme ordinaire, lorsque quelques jeusnes hommes aspiroient à la maistrise au dit corps de mestier, pour à quoy donc remédier vos dittes seigneuries ont estez servies d'ordonner que chacun nouveau maistre noiroient à payer que la somme de cent florins une fois, laquelle somme est employée encor en festins quy durent quelques fois deux ou trois jours et quells les dits remonstrans ne peuvent s'y trouver à cause de leurs infirmitées, causes pourquoy ils se retirent vers vos dittes seigneuries, les priant avec l'humilité que dessus, d'estre servies *(de bien vouloir)* d'ordonner aux dits chyrurgiens leurs confrères, leur payer en argent chacun leur part de la dite somme de cent florins, à proportion de ce qu'il peult revenir à l'un comme à l'autre pour l'advenir, neub esguard aux services que les dits remonstrans ont rendus, l'espace de cincquante ans et plus, au publicq, tant aux pauvres, aux riches, de quoy faisant implorent et protestent.....

20 janvier 1676. » (1).

A vrai dire, toutes ces dépenses occasionnées par la réception à la maîtrise, mettaient souvent la perturbation dans le modeste budget des nouveaux reçus. Les uns ne versaient qu'une faible portion des frais, restant redevables du reste, et ils ne parvenaient jamais à pouvoir le payer. D'autres étaient contraints de recourir à l'emprunt et ne s'acquittaient pas davantage, si nous nous en

(1) *Arch. Com.* H. H. Liasse 28, nᵒ 52.

5

rapportons au texte d'une réclamation adressée à
ce sujet par le receveur de la chambre échevinale
de la ville au Magistrat, qui devait être souvent
victime de ses avances, car il aimait à en faire.

« A Messieurs M. du Magistrat de la ville,
cité et duché de Cambray,

Le receveur soussigné vous représente que vous
aurié accordée au sieur Ducro la somme de deux
cens florins pour subvenir aux frais de sa maîtrisse
en chirurgie qu'il doit rendre en quatre payemens
esgaux de cinquante florins, dont le premier est
escheu à la St Jean-Baptiste dernier, sans que le
dit sieur Ducro se met en devoir d'y satisfaire,
malgré les demandes qu'en a fait le dit soussigné :
ce pourquoy il requiert que les commandemens
luy soient faits en la forme et manière accoutumée.

A Cambray, le vingt-deux septembre, mil-sept-
cent-vingt-et-un.

J. Desbleumortreu. » (1).

On ne parlait pas encore, en ce temps-là, de
bourses accordées aux aspirants pauvres ; il y
avait déjà assez de chirurgiens pour ne pas les
multiplier par un appât de ce genre.

Toutes les formalités que nous venons d'énu-
mérer ne s'appliquaient — il est opportun d'en
faire la remarque — qu'aux citoyens originaires
de notre cité. Aux termes des statuts de 1730, les
chirurgiens étrangers, qui désiraient se fixer à
Cambrai, étaient tenus d'abord de se faire agréer

(1) Arch. Com. H. H. Liasse 28, n° 33.

par la communauté des chirurgiens de la ville, ce qui leur conférait le droit de bourgeoisie ; ils devaient ensuite — ainsi que nous l'avons déjà dit — subir de nouveaux examens.

Les chirurgiens de Cambrai avaient tout intérêt à voir mises à exécution les mesures prises à l'égard de leurs confrères étrangers, aussi y veillaient-ils avec le soin le plus jaloux ; nous en avons la preuve dans une lettre de remontrance du lieutenant et du prévôt de la communauté des chirurgiens de Cambrai, par rapport à l'installation dans cette ville d'un chirurgien venant de Châlons.

« Les susdits nommés se plaignent que le sieur Raussin le jeune vient de s'établir en cette ville et y exercer la chirurgie générale (1), après avoir été reçu par la communauté des chirurgiens de Châlons en Champagne, mais cela ne le dispense pas de se faire aggréger à la communauté y établie, en conséquence de la déclaration de sa majesté, du 24 Février 1730, donnée ensuite des statuts et réglemens pour les chirurgiens des provinces établis ou non établis en corps de communauté. C'est le dispositif de l'article 6 des dits statuts qui règle que les chirurgiens reçus par une ville, où il y a communauté, comme on pense que la chose se vérifie à Châlons, ne pourront être reçus à

---

(1) Il est à remarquer que les plaignants insistent sur l'exercice de la chirurgie générale et ne parlent pas de chirurgie spéciale ; c'est qu'au XVIIIe siècle, on tolérait que des praticiens spécialistes exerçassent une partie de la chirurgie, sans être agréés par la communauté de la ville où ils donnaient leurs soins.

s'établir dans une autre ville sans se faire aggréger
à la communauté y établie.

> *Signé :* Jacq. LEFEBVRE. J. LEFEBVRE,
> CARNEAUX, BRUNEAU, Pierre LEFEBVRE,
> L. LAMONINARY. » (1).

Toute infraction aux règlements établis pour
l'exercice de la chirurgie exposait les contrevenants
aux mesures disciplinaires les plus sévères. Parfois
les amendes ne paraissaient pas suffisantes pour
réprimer un délit, alors sans hésitation pour
rendre la sanction plus efficace, on avait recours
à l'emprisonnement. Nous avons pu le constater
dans la requête d'un chirurgien qui s'était exposé
à se voir infliger cette punition pour avoir prétendu
exercer sans autorisation :

> « A Messieurs M. du Magistrat de la ville
> de Cambray,

Remontre très humblement Eustache Le Groz
chirurgien de son arte, disant que jœudy dernier,
il auroit pleu à vos seigneuries de l'envoier en
prison, où il est encor présentement détenu, et ce
qu'estant pressé de nécessité, n'ayant aultre moien
pour vivre, il auroit travaillé pour tascher de
gaigner du pain à sa famille, estant chargés de
quatre petits enfans, après avoir plusieurs fois
demandé du travail aux maistres chirurgiens de
ceste ville, et ont dit rien avoir à leus en donner.

Cause pourquoy le dit requérant vient se pros-

(1) *Arch. Com.* II. II. Liasse 28, n° 32.

terner aux pieds de vos seigneuries, les priant de luy pardonner pour ceste fois, avoir la bonté de l'eslargir des dits prisons, et en considération qu'il est enfant du dit Cambray, n'ayant aultre moyen pour alimenter et eslever ses petits enfans, luy faire la grace et permettre de travailler au moins pour quelque temps limité, promettant au bout du dit temps de satisfaire aux maistres chirurgiens.

Ce que faisant...... 23 septembre 1688. » (1).

Pour toute réponse le Magistrat fit savoir à l'auteur de la supplique qu'il n'avait qu'à « se conformer aux réglemens politicques des maistres chirurgiens de ceste ville. » (2).

(1) *Arch. Com.* H. H. Liasse 28, n° 49.
(2)   *id.*

Pl. II.

CHAPITRE IV

Le maître Chirurgien-Barbier.

Une fois muni de son brevet de chirurgien-barbier et du droit d'exercer, le nouveau maître se hâtait de pourvoir à son installation : sur la façade de sa boutique (1), il plaçait, comme signe distinctif de son métier, les deux bassins réglementaires (2), et à son tour il se mettait en quête d'un valet ou apprenti.

Chaque chirurgien ne pouvait en prendre plus d'un à la fois, et, ainsi que nous l'avons déjà fait connaître, il était tenu de le garder chez lui pendant deux ans, sans qu'il lui fût loisible de le changer, « à moins que avant le dit terme, le dit apprentich

---

(1) « De toute antiquité le médecin-chirurgien avait une *officine* publique ouverte à tous, où les malades venaient pour le consulter, pour se faire panser ou opérer.... Cette coutume s'est perpétuée, et jusqu'au XVIIIe siècle, il y eut des chirurgiens qui conservèrent l'*officine*. Au Moyen Age elle portait le nom de *boutique*, mais en 1613, le collège de chirurgie trouvant le nom trop peu relevé, décida que dorénavant les *boutiques* seraient nommées *Etudes* ».

(Dr Nicaise, *Chirurgie de Pierre Franco*, Introduction, p. XL).

A Cambrai, comme dans beaucoup de villes de Province le nom de boutique prévalut, et ceci s'explique par le fait que presque tous les chirurgiens s'occupaient en même temps de barberie.

(2) Ces deux bassins étaient de petits plats de cuivre semblables à ceux qui servent encore actuellement d'enseigne aux coiffeurs.

ne trespassoit, ou que aultre légistime excusation il y eut qui bien fust aux maïeurs prouvés et vériffiés. » (1).

Il était également interdit d'attirer les apprentis des autres maîtres pour se les attacher, avant que ces apprentis n'eussent terminé leur terme. Celui qui enfreignait cette défense était frappé d'une amende de vingt à quarante sols au profit du confrère lésé (2).

Pareille peine pécuniaire était applicable également à toute personne qui aurait reçu chez elle un apprenti sans qu'il fût pourvu de son congé en bonne et due forme.

Le maître chirurgien était obligé de diriger lui-même sa boutique ; il ne lui était permis, ni de vendre, ni de louer le privilège de sa maîtrise.

Un article de règlement pour les médecins et les apothicaires, en date de 1653, mérite d'attirer notre attention un instant, c'est celui qui faisait défense aux chirurgiens de s'occuper de choses n'étant pas de leur compétence, comme de prescrire, de préparer et de débiter aucune drogue. Malheureusement — il faut bien le dire — cette clause restait toujours lettre morte, malgré la menace faite aux délinquants « d'estre chastié corporellement selon l'exigence du cas. » (3).

---

(1) *Arch. Com.* A. A. 101, Livre aux bans, folio 253, « Les Barbieurs ». Voir pièce just. nᵒ 1, art. 3.

(2)   *Id.*   Voir pièce just. nᵒ 1, art. 1.

(3) Du même auteur : *Les Apothicaires de Cambrai*, p. 38.

On trouve dans les livres de comptes des mentions de

De tout temps, la boutique des chirurgiens-barbiers fut un lieu où toutes les bonnes langues se donnaient libre carrière. A côté des personnes qui y entraient par besoin, que de désœuvrés venaient journellement, ou peu s'en faut, y passer des heures entières à potiner, comme on dit actuellement. Le chirurgien-barbier tenait non seulement boutique d'objets de toilette, d'onguents, d'emplâtres et de tout ce qui pouvait servir aux pansements des blessures, mais encore et surtout de nouvelles plus ou moins vraisemblables, et il s'y débitait plus de potins que de marchandises.

On le voit : le chirurgien-barbier avait ainsi mille occasions de se distraire lui-même et d'amuser les habitués de sa boutique, mais il ne fallait pourtant pas qu'il perdît de vue son devoir d'état ; car — et ce n'était pas sans motifs — le chirurgien-barbier était soumis à une discipline sévère. Les petits métiers (1) que souvent il pratiquait concur-

sommes versées à l'exécuteur des hautes-œuvres pour avoir fustigé des condamnés de cette catégorie aux carrefours de la ville.

(1) Quels étaient ces petits métiers ? il sera facile de les connaître en parcourant le texte d'une réclame que voici et que nous avons emprunté au journal *La Tribune médicale :*

« Isaac Macaire, barbier, perruquier, chirurgien, clerc de la paroisse, mestre d'Ecole, maréchal et accoucheur. Raze pour un sout, coupe les cheveux pour deux sous et poudre et pommade par dessus le marché les jeunes demoiselles joliment élevées, allume les lampes par année et par quartier. Les jeunes gentils hommes à prêne aussi leur langue grand'mère de la manière la plus propre. On prend grand soin de leurs mœurs, on leur enseigne à épler. Il à prêne à chanter le pleinchant et à ferrer les chevaux de main de

remment avec sa profession avaient fait décider
depuis longtemps, que tout chirurgien-barbier
convaincu d'homicide ou de mauvaises mœurs
devait être impitoyablement chassé de la corporation avec confiscation de ses outils (1).

Il était de première importance, est-il besoin de
le dire, que tout fût en bon ordre et proprement
entretenu dans la boutique : les instruments bien
luisants, les lancettes parfaitement nettes et bien
affilées, car à chaque instant, on pouvait s'attendre
à recevoir la visite des mayeurs. Gare alors aux
amendes et aux confiscations, si l'on était pris en
défaut, et, en pareil cas, il ne s'agissait ni de
récriminer ni surtout de manquer d'égards envers
les visiteurs, car — nous disent les règlements —
il était défendu « bien expressément à tous ceulx
du dit mestier (de chirurgie) d'injurier ou molester

maître. Il fait et raccommode aussi les bottes et les souliers,
enseigne le hautbois et la guimbarde, coupe les cors, soigne
et met les vésicatoires au plus bas prix. Il donne des
lavemens et purge à un sous la pièce ; enseigne au logis les
cotillons et autres danses et vat en ville. Vend en gros et en
détail la parfumerie dans toutes ses branches. Vend toutes
sortes de papeteries, cires à décrotter, harengs salés, pain
d'épices, brosses à frotter, souricières de fil d'archal et
autres confitures, racines cordiales et de gode frais, pommes
de terre, sassifis et autres légumes ».

(*Tribune Médicale*, 25 janvier 1899).

Certainement nos chirurgiens-barbiers Cambrésiens les
plus renommés n'approchèrent jamais d'Isaac Macaire ; il
possédait la science universelle !

(1) *Arch. Com.* A.A, 101, Livre aux bans, « Les Barbieurs»,
fol. 254. Voir pièce just. n° 1, art. 11.

les susdits mayeurs leur office faisant sur l'amende
de quatre livres tournois. » (1).

Les occupations si diverses et si nombreuses du
chirurgien-barbier l'appelaient, durant une grande
partie de la journée, en dehors de sa boutique,
soit pour « rère ou rongner » ses clients, soit pour
pratiquer des saignées (2), ou bien encore pour
appliquer ou renouveler des pansements. Aussi,
en raison du grand nombre de personnes à visiter
à domicile, le chirurgien-barbier était-il tenu
d'avoir une salle basse au rez-de-chaussée de sa
demeure, où devait se trouver en permanence un
de ses élèves ou valets, pour donner en son
absence les soins nécessaires à ceux qui venaient
les réclamer.

Détail piquant : tandis qu'ils parcouraient les
rues pour se rendre chez leurs clients, les chirurgiens-barbiers avaient coutume de faire sonner
leur plat à barbe afin d'annoncer leur passage. Il
est à présumer que cette habitude ne tarda pas à
devenir déplaisante, car déjà au XVᵉ siècle nous
voyons les échevins de Cambrai défendre, sous
peine d'amende de dix sous, au chirurgien-barbier

(1) *Arch. Com.* A. A. 101, Police nᵒ 1. Règlement des
chirurgiens et barbiers. Voir pièce just. nᵒ 2, art. 8.

(2) Tout le monde se faisait saigner autrefois dans le but
de conserver la santé, de se préserver des maladies ou de se
guérir de celle dont on était atteint. Généralement, on avait
recours à la saignée au printemps et à l'automne. Certains,
pour être plus sûrs de ne point tomber malades, se
faisaient, en pleine santé, retirer une palette de sang à
l'entrée des quatre saisons. Il n'y a pas si longtemps que
cette coutume existait encore, surtout à la campagne.

d'aller ainsi « en se personne cloquetant le bachin
par les villes, pourtant quil ait varlet en se maison
demourant. » (1).

A côté des jours ouvrables qui ne laissaient
guère de loisirs au chirurgien-barbier, il y avait
les journées de chômage pendant lesquelles tout
travail manuel était interdit. On sait que ces
journées étaient jadis assez nombreuses. Nous
lisons par exemple dans les statuts de 1632 que :
« nul barbieur ne polra tenir son usinne ouverte
ny barbier, ny pendre bachins ès jours des
dimanches, des appostres, des six festes anchiennes
de nostre dame, de Toussaint, Noel, St Estienne,
du Saint Sacrement, de St Cosme et St Damien,
Circoncision, des rois, lascension, des deux festes
Ste Croix, St Marcq, St Jean-Baptiste, Sainte Marie
Magdelaine, Saint Laurens, St Michel, St Luc,
St Martin, Ste Catherine, et St Nicolas en grev. Le
tout sur lamende de trois livres tournois, pour
chacune fois applicable comme dessus — (c'est-
à-dire la moitié au profit de la confrérie et l'autre
moitié pour la communauté).— Polront néanmoins
esdits jours lesdits chirurgiens saigner et esracher
dents et es basses festes, comme de St Marcq,
Ste Catherine, les deux S^{tes} Croix, St Michel et
St Luc ; polront secrètement, sy le cas y eschiet,
barbier tous gens d'honneur si comme d'église,

(1) *Arch. Com.* A.A. 101, Livre aux bans, « Les Barbieurs »,
fol. 254. Voir pièce just. n° 1, art. 9.
Cette mesure était conforme aux plus anciens règlements
qui déjà interdisaient aux marchands d'appeler ou de
provoquer les acheteurs de quelque manière que ce fût.

religieux, nobles, bourgeois, marchans et semblables gens venant de dehors la ville, et ce ès hostelz
et logis d'iceulx, ou es maisons des dits barbiers,
couvertement et derrière les gourdines *(rideaux)*
mesme le jour de S¹ Cosme et S¹ Damien s'il eschet
en sabmedy et non aultrement. » (1).

Parmi les précautions — trop rares malheureusement — que l'on prenait contre les affections
contagieuses si fréquentes autrefois, nous devons
mentionner l'interdiction faite aux chirurgiens-
barbiers de raser et de saigner les personnes
atteintes de la lèpre : « quil ne soit barbieurs ne
barbiresses ne tenne varlet qui voist *(veuille)* ne
entreprendre à sannier ne a rère mésiel *(lépreux)*
ne méselle *(lépreuse)* sur peine de perdre le mestier
ung an et tous les hostieulx *(outils)* du dit mestier,
c'est assavoir bachins, rasoirs, chiseaux, keux
(pierre à aiguiser) et tous aultres hostieulx servans
audit mestier. » (2).

A propos de la lèpre, cette répugnante maladie
à laquelle nous venons de faire allusion, rappelons
en passant que du XII⁰ au XVI⁰ siècle, elle atteignit
un assez grand nombre d'habitants de Cambrai, à
ce point que l'on dut fonder plusieurs asiles pour
les recevoir : à savoir l'hôpital S¹ Ladre, dans le
faubourg qui porte encore aujourd'hui le nom de
S¹ Ladre ; l'hôpital des Maladeaux, non loin du

(1) *Arch. Com.* Police nᵒ 1, Règlement des chirurgiens
et barbiers de Cambray. Voir pièce just. nᵒ 2, art. 4.

(2) *Arch. Com.* A. A. 101, Livre aux bans, « Les Barbieurs ».
Voir pièce just. nᵒ 1, art. 4.

précédent, dans le faubourg S' Georges ; la lépro-
serie Notre-Dame, dans la rue des Warances
(aujourd'hui rue S'Vaast); la ladrerie de Cantimpré,
au faubourg de Cantimpré.

Une autre mesure non moins louable au point
de vue de la salubrité est celle qui interdisait aux
chirurgiens-barbiers : de laisser à leur porte, plus
tard que deux heures de l'après-midi, le sang des
saignées, sous peine de dix sols d'amende toujours
imputable aux maîtres ; aussi ces derniers recom-
mandaient-ils à leurs valets — et de la façon la
plus instante — de ne jamais oublier de vider les
cuvettes destinées à recevoir le sang (1).

L'utilitarisme ne date pas de notre époque : il y
a beau temps qu'il sévit à travers le monde, et il
comptait de nombreux disciples parmi les chirurgiens-barbiers ; on les accusait en effet d'engraisser
avec le sang des saignées les porcs qu'ils avaient
dans leur cour. Dans la crainte que ce sang ne
renfermât des germes de maladie, et un peu aussi
par respect pour le corps humain, défense était
faite aux chirurgiens-barbiers d'élever plus de
deux porcs dans l'année, et encore à condition
que leur chair ne servirait qu'à leur alimentation :
« et ne soit barbieur ni barbiresse qui nourrisse
en son pourpris *(cours)* que deux pourcheaux l'an
et pour les despendre en se maison, ne que povit
en vende à quelque personne sur vingt sols
d'amende. » (2).

_____

(1) *Arch. Com.* A.A.101, Livre aux bans, « Les Barbieurs »,
Voir pièce just. no 1, art. 7.
(2)   *Id.*   art. 10.

Les bouchers et les charcutiers, qui avaient
pour ainsi dire le monopole de la vente de la
viande de porc, ne pouvaient en acheter dans les
maladreries, ni chez les huiliers, ni chez les
chirurgiens ; et, ce qui prouve combien la police
sanitaire était sévère, des inspecteurs spéciaux
passaient fréquemment chez ces marchands pour
s'assurer s'il ne se commettait pas d'infraction au
règlement établi à ce sujet.

Tout en réglementant l'exercice de leur profession,
et en gérant avec la plus vive sollicitude les intérêts
de leur communauté, les chirurgiens-barbiers
n'oubliaient pas de reporter leurs pensées vers
ceux qui n'étaient plus, à preuve l'ordonnance du
28 Janvier 1488, qui ne cessa de rester en vigueur.
Elle obligeait les chirurgiens-barbiers de payer,
chaque semaine, deux deniers tournois pour la
célébration d'une messe des trépassés, elle se
disait tous les huit jours : « ce jour, à la supplication et requeste des maistres ouvriers barbieurs
de la cité, fu par Messieurs en plaine cambre
ordonné, que dores en avant ung chacun desdits
maistres barbieurs en le cité seront et sera tenus
payer et délivrer, chacune sepmaine, la somme de
deux deniers tournois pour estre convertis à faire
célébrer, chacune sepmaine, une messe des
trespassez, lesquels deux deniers seront reçuz et
levez par celui qui sera dernier maistre passé à la
maistrisse du dit mestier de barbieur, lequel en
tenra et rendera compte bon, toutes et quantes fois
que mestier (*nécessité*) sera, et que les autres
barbieurs ses compagnons le requéront de ce

faire, laquelle ordonnance mesdits seigneurs veulent estre entretenues par les dits barbieurs qui sont de présent et leurs successeurs advenir, à paine de pugnir ceulx qui yroient allencontre audit de prévost et eschevin. » (1).

Maintenant que nous connaissons les principales obligations qui incombaient aux chirurgiens-barbiers, il serait intéressant de donner quelques détails concernant leur vie privée. Malheureusement tous nos documents sont muets sur ce point.

Ce que nous savons seulement, c'est que leur situation pécuniaire était généralement des plus modestes et que même certains d'entre eux avaient peine à subvenir aux nécessités de l'existence. La raison de ce fâcheux état de choses n'est pas difficile à trouver ; c'est que les chirurgiens-barbiers n'avaient pas seulement à lutter contre les charlatans, les faux guérisseurs et quantités de praticiens non diplômés, mais parmi les confrères munis de diplômes, vu l'excessive facilité avec laquelle on recevait les aspirants à la maîtrise, la concurrence était si acharnée qu'elle diminuait d'autant les bénéfices. On en pourra juger par cette requête envoyée au Magistrat.

> « A Messieurs M. du Magistrat de la ville et cité de Cambray,

Remontrent en toutte humilité les maistres et mayeurs de la chirurgie de ceste ville qu'ils sont

---

(1) *Arch. Com.* A. A. 101, Livre aux bans, fol. 255 vo.

présentement à si grand nombre qu'à peine
peuvent-ils gaignez pour leur subsistance et de
leur famille, jusques là qu'ils se trouvent à présent
en nombre de vingt maistres et fort peu d'application pour leur entretient, au lieu qu'ès villes de
Valenciennes, Douay et à l'environ, quoy que
peuplées au double de ceste ville, il ne s'y veoit
que la moitié d'aultant de maistre si qu'est ordonné.
Cela vraysemblablement provenant de la facilité
qu'on at de admettre et recevoir à maistre tous
ceux qui se présentent par de ca, au moyen de
quoy et du grand nombre des dits chirurgiens, la
plus part, qu'il ne sont accommodé de biens de
fortune de patrimoine, seront contraints de
s'adomicilier parmy les villages et aultres lieux
pour y trouver de l'employ.

Et pour ces causes, les remontrants s'addressent
à vos seigneuries, les suppliant très humblement
estre servies de fixer ung nombre précise desdits
maistres qui n'excède du moins celuy d'aprésent,
et que ceux qu'ils voudront y prétendre à l'advenir
debvront attendre jusques à ce qu'il y ait place
vacante, et les moins expérimentés renvoiez jusques
à ce qu'ils se seront rendus capables, qui sera un
véritable moyen d'obliger un chacun de se rendre
capable par avant se présenter.

5 mai 1676. » (1).

Il paraît que les chirurgiens en ce temps-là
étaient déjà des gens exploitables et exploités, car

(1) *Arch. Com.* H. H. Liasse 28, nᵒ 56.

on resta sourd à leurs légitimes revendications.
Dans ces conditions, le chirurgien qui ne parvenait
pas à obtenir la confiance du public par son talent
ou par le renom de ses cures, s'il voulait gagner
son pain et y mettre un peu de beurre, avait
recours à des moyens encore fort employés de nos
jours : les soins au rabais et la réclame. On ne
connaissait alors ni les annonces dans des journaux,
ni les cartes de visite, mais il y avait les circulaires,
sous forme de simples petits billets, que l'on
distribuait ou que l'on affichait au coin des rues,
dans les carrefours, sur les places publiques.

A propos de ce genre de réclame, un chirurgien
fut une fois victime d'une bien étrange mésaven-
ture laquelle donna même lieu à un procès. Ce
chirurgien l'a narrée lui-même dans une réclamation adressée au Magistrat.

« A Messieurs M. du Magistrat de la ville,
cité et duché de Cambray,

Supplie très humblement Pierre Lefebvre,
maître chirurgien en cette ville, qu'il auroit fait
imprimer des petits billets par la femme de Nicolas
Douillez, qui seule en cette ville tient une imprimerie, pour faire connoistre au publicq qu'il tire
les dents fort promptement, qu'il a fait afficher
conformément à celuy que l'on joint icy (1).

---

(1)   AVIS AU PUBLIC
« *Pierre Lefebvre*, maistre chirurgien, tire les dents et
chicots promptement, il fait aussi le bendache pour ceux et
celles qu'ils sont attaquez de descente.
Sa demeure est au proche de Nostre-Dame, vis-à-vis le
Ver Galant, à Cambray ».
(*Arch. Com.* F. F. 108, Justice criminelle, 1772).

Cependant il at appris qu'on en avoit affichés et
distribué d'autres, d'une autre forme pour se
mocquer et donner atteinte à sa réputation,
auxquels on auroit adjouté ces mots qu'il déchiroit
les machoirs adroitement, ce qui a fait qu'il alla
trouver cette femme et luy demander pourquoy on
avoit adjouté cette calomnie, elle luy dit qu'elle
n'en savoit rien, ensuite elle alla trouver son fils
avec le supplians qui estoit encore couché, qui
avoua que c'avoit esté luy qui avoit ajouté cette
impression, par la sollicitation de trois ou quatre
personnes, qui pour cela l'auroient fait boire, l'on
joint icy (1) l'un de ces billets que le supplians à
découvert.

Ces sortes de calomnies et impostures ne sont
nullement permisses, faisantes tort à sa réputation,
d'ailleurs cela va plus long et est d'une très
grande conséquence, lon peut ainsy faire tort à
d'autres imprimez et à ceux qui les ont composez,
la chambre connoit mieux ces conséquences que
le supplians, pourquoy il vient sy addresser,
Messieurs, ce considérez il vous plaise condamner
le fils du dit Douillez et autres complices de ce
fait, en telle peine, amende, punitions et réparation
que le cas l'exige, requérans à cet effet l'adjonction
du procureur d'office pour la vindicque publique,
les condamnans aux dépens.

Et pour le faire ainsy, il vous plaise, Messieurs,

---

(1) *Pierre Lefebvre*, maistre chirurgien, tire les dents et
chicots promptement et *déchire les machoires adroitement*,
il fait aussi le bendache, etc.....
[Arch. Com. F. F. 108, Justice criminelle, 1772).

faire venir la femme Douillez et son fils et complices à la chambre pour décider et ordonner comme de raison.

Ce faisant..... » (1).

Au milieu des difficultés de la vie trop souvent aggravées par de terribles maladies, comme aussi par les guerres et les disettes, le chirurgien trouvait au moins une véritable consolation et même quelque intime satisfaction dans la conscience du devoir accompli et dans les joies du foyer familial. Comme il lui était bon, après tant de courses et de labeurs, de rentrer à ce cher foyer et d'y retrouver, avec la paix qui repose, une table bien frugale souvent, mais néanmoins agréable et réconfortante, et surtout le sourire — oh combien doux ! — de sa femme et de ses enfants qui lui faisaient oublier ses peines et ses soucis.

Hélas ! tous ne savouraient pas ces joies de la famille : à côté d'intérieurs heureux, que de ménages troublés, et les chirurgiens pas plus que les autres n'échappaient point aux fâcheuses éventualités de la vie. Nous en avons trouvé des exemples jusque dans les recueils de procédure criminelle, et pour ne citer qu'un cas, écoutons un pauvre chirurgien ; c'est encore au Magistrat qu'il dévoile les malheurs dont il est attristé, en le priant de vouloir bien y mettre un terme.

« A Messieurs, M. du Magistrat de Cambray,

Supplie très humblement Damiens Bouvier,

---

(1) *Arch. Com.* F. F. 108, Justice criminelle, 1772.

maître chirurgien pensionnaire de cette ville
disant qu'il est marié depuis huit ans et plus avec
Marianne Thérèse Larosse native de St-Omer dont
il a actuellement trois enfans qui sont trois filles,
que quoyque depuis son établissement en cette
ville, et depuis son mariage, il se soit toujours
comporté en homme de bien et d'honneur, travail-
lant du matin au soir et n'épargnant ny ses soins
ny ses veilles pour gagner la vie, ce qui est notoire
et publique, il a la douleur de voir que sa femme,
bien loing d'en faire de même et de donner ses
soins à son ménage et à ses enfans, s'en écarte
tous les jours de plus en plus, de sorte que si on
ny met ordre de bonheur, il est à craindre que
non seulement le suppliant, mais que la dite
femme et ses enfants tombent dans une indigence
totalle. C'est avec un extrême regret, Messieurs,
et le cœur pénétré de la plus vive douleur, que le
suppliant qui a pris patience jusqu'aujourd'huy,
se trouve enfin obligé de vous exposer les dérangemens de sa dite femme, n'ayant rien épargné
jusqu'aujourd'huy pour tacher de la ramener à
son devoir, soit par les voyes de la douceur, soit
par les représentations de ses parens, soit par
celles de son confesseur, soit par la rigueur qu'il a
quelquefois employé ; mais elle est insensible à
tout, n'écoutant rien et suivant toujours son
caprice et ses dérangements, telle chose qu'on peut
luy dire et luy représenter ; c'est une fénéante qui
ne se livre et ne veut se livrer à aucun travail, elle
n'a point ou peu de religion, allant à peine à la
messe les jours d'obligation, elle laisse pourir ses
enfans dans leurs ordures sans s'embarasser ny

de les habiller, ny avoir soin de leurs hardes
qu'elle laisse gâter et pourir sans s'embarasser
aucunement de leur éducation, ny leur apprendre
les prières d'un chrétien, de sorte que ces pauvres
enfans sont exposés avec une pareille mère à périr
de misère et dans leurs ordures, le suppliant ne
pouvant pas, à cause de ses occupations qui le
retiennent le plus souvent hors de sa maison, y
veiller et y prendre garde comme il le désireroit ;
cette femme n'a d'autres attentions et d'autres
occupations que celle de boire et de se crever
d'eau de vie tous les matins, et de s'ennivrer de
bierre tout le reste de la journée, de sorte que,
dans un pareil état qui est journalier, le suppliant
et sa famille n'en reçoivent que des duretés ; ce
n'est point que le suppliant ait jamais refusé à sa
dite femme tout le nécessaire, il luy a autrefois
laissé la clef de la cave, mais un tonneau de bierre
duroit à peine huit à dix jours, et ainsy de tout le
reste, ne raccommodant ny le linge ny les habil-
lemens pas même les siens, en sorte qu'il se trouve
à la veille d'une ruine totale, si on ne met ordre
de bonheur aux dérangemens de cette femme ;
tout cecy Messieurs est de la connaissance du
sieur Vincent Hérouard, marchand en cette ville,
son beau frère, et de sa femme sœur de la femme
du suppliant, qui se sont épuisés à faire à leur
dite sœur, depuis plusieurs années, touttes les
représentations possibles sur sa conduite, et cela
sans aucuns fruits, parce que comme on vient de
le dire, cette femme est insensible et sourde à
touttes représentations, n'ayant en vue que sa
boison immodérée et journalière, il paroit que

dans des circonstances aussy facheuses, il n'y a
pas d'autres espérances de ramener cette femme à
son devoir, que celle d'une retraitte pendant
quelques années dans un couvent, dans lequel,
Dieu aidant, elle poura faire de sérieuses réflec-
tions sur sa conduitte passée, et se comporter en
femme de bien, d'honneur et de ménage ; c'est
dans cette vue que le suppliant est déjà convenu
avec les religieuses de Bouchain pour la pension
de la dite femme, et il a lieu d'espérer que vos
seigneuries applaudiront à un dessin si louable,
puisqu'il n'y a pas d'autre moyen pour ramener
cette femme à son devoir, telle est le sentiment du
dit sieur Hérouard et de sa dite femme qui
souscrivent la présente, sujet qu'il s'adresse à
vous, Messieurs, afin qu'il vous plaise luy permettre
de faire transférer la dite femme, sous la garde de
vos sergents, dans le couvent des dittes religieuses
de Bouchain pour y rester jusqu'à nouvel ordre et
jusqu'à ce qu'il y ait lieu d'espérer, qu'ayant fait
de sérieuses réflexions sur ses dérangemens passés,
elle puisse changer de conduite.

4 Janvier 1763. » (1).

Le Magistrat donna suite à cette requête ainsi
qu'il est rapporté par le greffier.

« Suivant l'information tenu le cinq, et les
conclusions du procureur sindic, Messieurs du
Magistrat ont permis et permettent au suppliant
de faire transférer sa femme, sous la garde des

---

(1) *Arch. Com.* F. F. 108, Justice criminelle.

sergents de cette ville, dans le couvent des religieuses Récollectines de Bouchain, et ce par provision et jusqu'à ce qu'autrement il lui soit ordonné.

Fait en pleine chambre, 5 janvier 1763.

MICHEL. » (1).

(1) *Arch. Com.* F. F. 108, Justice criminelle.

CHAPITRE V

Les veuves de Chirurgiens-Barbiers.

Les veuves de chirurgiens-barbiers pouvaient continuer à tenir la boutique de leur mari, à charge pour elles d'y entretenir un garçon reconnu suffisant après avoir été examiné.

« Sy aulcun maistre va de vie à trespas et que sa vefve se remarie à aultre quy ne soit dudit mestier, elle ne polra tenir ouvroir d'icelluy mestier fors pour rère et rongner, sy elle n'at varlet quy soit trouvé suffissant par les mayeurs pour tenir et exercher enthièrement le mestier comme il appartient, sur lamende de 20 sols pour chacune fois qu'elle seroit trouvé avoir contrevenue. » (1).

Les veuves de chirurgiens-barbiers qui, faute de garçons réunissant les conditions requises, ne s'occupaient que de barberie, n'avaient pas le droit d'exposer de bassins en dehors de leur maison, mais simplement à l'intérieur, sous peine de voir fermer leur boutique et de ne plus pouvoir même raser soit chez elle soit au dehors (2).

De plus, elles étaient obligées d'abandonner vingt sols tournois au profit de la confrérie.

---

(1) *Arch. Com.* H. H. 10, Police n° 1. Règlemens des corps de métiers de Cambray. Règlement des chirurgiens et barbiers, 1632.

(2) *Arch. Com.* H. H. 28, Décision du Magistrat, 7 novembre 1702.

En prévision des abus qui étaient à craindre, la boutique tenue par une veuve était l'objet d'une surveillance beaucoup plus sévère que celle des maîtres, et la répression n'était pas moins rigoureuse que la surveillance ; en effet, s'il arrivait à une veuve de n'avoir que des valets ignorants et incapables, elle était de suite rappelée à l'ordre par les mayeurs qui en avertissaient le Magistrat.

Ce n'est pas seulement de la veuve que l'on se défiait ; le garçon, lors même qu'il avait été reconnu suffisant, ne pouvait faire aucune opération décisive ni lever un appareil important, sans appeler un des maîtres. Le plus souvent même, on ne lui permettait que de pratiquer la saignée, « s'il pouvait la savoir faire ».

Tout naturellement, pas plus que chez les maîtres, les garçons employés chez les veuves ne pouvaient quitter sans un congé délivré en bonne et due forme ; et voulaient-ils entrer chez un perruquier, ils étaient obligés de déclarer à la veuve qu'ils renonçaient pour toujours à la chirurgie.

Les rigueurs que l'on exerçait ainsi à l'endroit des veuves qui continuaient le métier de leur mari, étaient pour elles un motif de se tenir continuellement sur leurs gardes et de rechercher la bienveillance du Magistrat, pour le cas où il leur serait arrivé de commettre quelque irrégularité dans l'observance des règlements. A ce propos, on lira avec intérêt l'instante sollicitation d'une veuve chargée de famille qui, dans l'attente de l'arrivée

d'un valet, aurait voulu obtenir l'autorisation de
garder sa boutique, pour conserver aussi les
émoluments dont jouissait son mari.

« A Messieurs M. du Magistrat de la ville
de Cambray,

Supplie très humblement Marie-Joseph Carniaux,
demeurante en cette ville, chargée de neuf enfants
dont l'aînée est imbécile et le plus jeune âgé de
dix mois ; qu'elle eut le malheur de perdre, jeudy
dernier, Jean-Baptiste Taisne son mari, chirurgien
en cette ville, qui en cette qualité était commissionné
pour les pauvres, et ausquels suivant ce, il a
rendus tous les devoirs et secours possibles, tant
de jour que de nuit. Qu'il laisse un garçon âgé de
21 ans ou environs, que dans la chirurgie, et dès
que l'âge le lui a permis, a été son élève, et
travaille autant bien qu'on seauroit le désirer, et
que Messieurs les chirurgiens-majors des régiments
de Normandie et de la Marck (grand général),
offrent charitablement de perfectionner, et même
plus, de faire pour la veuve tous pansements et
currements de dislocation ou de plaies que cet
enfant ne pouroit faire, jusqu'à ce qu'elle ait reçu
un garçon habile chirurgien de Paris, qu'elle
attend, et que l'un d'eux lui fait charitablement
revenir ; c'est ainsi que des étrangers gémissants
de sa perte et plaignant son malheureux sort,
cherchent à en adoucir les peines. Dans son état
déplorable, elle espère de trouver dans la justice
de vos charités, toujours affable et bienfaisante
pour les veuves et orphelins, tout ce qu'elle peut
en attendre, sujet qu'elle s'adresse à vous,

Messieurs, pour que ce considéré et sous la protestation qu'elle fait de prendre et avoir incessamment un garçon chirurgien au fait de son art, la conserver et maintenir dans la ditte commission, elle priera et ses pauvres innocens pour la conservation de vos jours. »

De telles raisons si humblement présentées ne pouvaient qu'attirer la bienveillante attention du Magistrat, et de fait il leur fit un accueil favorable comme l'atteste sa réponse.

« Vu la présente requette, ouïe le prévôt de cette ville en ses conclusions, tout considéré Messieurs du Magistrat ayant favorable égard aux représentations et à la position de la suppliante, lui ont accordé et accordent par provision la commission de chirurgien des pauvres de cette ville, aux gages, profits et émoluments y attachés, cy devant exercés par Jean-Baptiste Taisne, son marit, à charge néantmoins de faire exercer la dite commission par un garçon chirurgien expert dans son art et en se conformant aux statuts et règlemens de chirurgie.

Fait en pleine chambre.

Témoin signé : DECHIÈVRE. » (1).

Le privilège ainsi accordé quelquefois aux veuves de maîtres de continuer à tenir la boutique de leur mari, et en faisant exercer la chirurgie par un garçon, devait parfois donner lieu à de singuliers

(1) *Arch. Com.* B. B. 19, Registre des Commissions, fol. 65 verso, 1773.

abus, comme aussi exciter le mécontentement et la
jalousie des maîtres en général ; il ne faut donc
pas s'étonner de l'étroite surveillance qu'ils
exerçaient, et des injustes ou indignes procédés que,
bien souvent, ils employaient pour se débarrasser
d'une concurrence toujours déplaisante pour ne
pas dire odieuse.

Plusieurs différends s'élevèrent à cette occasion
et donnèrent lieu à des procès, tous plus ou moins
dignes d'attirer l'attention. Un de ces procès qui
ne fut rien moins que banal mérite même d'être
rapporté :

Trois chirurgiens avaient résolu de faire ren-
voyer un garçon barbier employé chez une nommée
Sprocq, veuve d'un de leurs confrères : le chirurgien-
barbier Guillebert, sous prétexte que ce garçon
n'habitait pas la maison de la susdite, n'était pas
à ses gages, qu'au contraire il lui abandonnait une
redevance. Pour arriver à leurs fins, ils avaient
commencé par accabler la veuve de menaces, puis
voyant que ce moyen n'était guère efficace, ils la
firent boire jusqu'à l'enivrer et profitèrent de son
état d'ivresse pour lui extorquer par surprise son
consentement au renvoi de son serviteur. Quand
elle fut sortie de cet état d'ébriété et qu'il lui fut
possible de réfléchir, la pauvre femme eut beau
protester, hélas ! il était trop tard, elle avait
donné sa signature, et comme dit l'adage : « *scripta
manent* ». Il ne lui restait plus qu'une ressource,
c'était d'en appeler au notaire public, et elle en
appela. L'homme de loi dut perdre sans doute un
peu de son sérieux en prenant connaissance de

cette cause réellement étrange et surtout en
entendant les témoins à charge. Nos lecteurs ne
pourront s'empêcher de sourire en lisant l'acte
dressé par ce brave tabellion.

« Par devant le notaire publicq, résident à
Cambray, soubsigné, est personnellement comparu
Catherine Sprocq, vefve d'Anthoine Guillebert,
vivant maistre chirurgien, demeurant en ceste
ville, laquelle après serment presté ès mains du
dit notaire, a dit, attesté et pour vérité affirmé,
que lundy dernier deuxiesme du courant, trois
maistres chirurgiens se sont venus trouver chez
elle, disant qu'il falloit qu'elle auroit à desister et
rompre l'affaire qu'elle avoit faict avec Eustache
Legros, qu'elle a pris pour entretenir sa bouticle,
à faulte de quoy ils la metteroient dans un grand
procès qui la ruineroit entièrement, avec aultres
menaces qui luy ont faict ; en telle sorte qu'après
l'avoir séduit par boisson de brandevin, dont ils
en ont beus sept potz ensembles, ils luy ont fait
signer un certain escrit sans scavoir ce que c'estoit,
d'autant qu'ils ne luy ont donné rien à entendre
le contenu en yceluy, ayant yceulx chirurgiens
toujours parlez latin ensemble, ce que la dite
attestante offre ratifier par devant tel juge qu'il
appartiendra pour justice.

Faict et attesté..... le 4 Aout 1688.

Signé, Catrine Sproc.

F. Lercourt. » (1).

(1) *Arch. Com.* H. II. 28, nos 64 et 65.

Passons maintenant aux dépositions des témoins ; oh ! elles ne sont pas longues, mais combien suggestives et accablantes en leur concision !

« La soubsignée Flourence Rosel, certifit d'avoir livré sept potz de brandevin pour trois maistres chirurgiens de cette ville, qu'ils ont beu avec Catherine Sprocq, le deuxiesme d'Aout mil-six-cent-quatre-vingt-huit.

Flourence Marie ROSEL. » (1).

« La soussigné certifit qu'elle at esté quérir les dits sept potz de brandevin, le dit jour, pour les personnes susnommés ; en foy de quoy elle at signé à Cambray les dits jour, mois et an.

Marie Catherine DELAVENDE. » (2).

« Les soubsignés voisins à la dite Catherine Sprocq ont veu tout ce que dessus, scavoir que les dits sept potz de brandevin ont été portés dans la maison de la dite Sprocq pour les dits chirurgiens, et ont aussy signés les dits jour, mois et an.

Adrien TAISNE. Robert TOURTOIS. » (3).

Malgré la vilenie des chirurgiens — et comme on vient de le constater, elle était patente — tel était le respect du magistrat pour les règlements, qu'il leur donna gain de causes et interdit au garçon E. Legros d'exercer la chirurgie : d'aucuns

---

(1) *Arch. Com.* H. H. 28, nos 64 et 65.
(2)   *Id.*
(3)   *Id.*

parmi nos lecteurs estimeront que ce respect était un peu excessif, et ils n'auront pas tort.

Les veuves de maîtres-chirurgiens devaient avoir une conduite honorable et pleine de prudence ; elles devaient éviter toute cause de scandale, et si, éventuellement, elles étaient convaincues de quelques malversations ou de diffamation publique, elles perdaient tous leurs droits à l'exercice du métier.

CHAPITRE VI

Les Chirurgiens des pauvres.

Dans l'introduction de notre histoire de l'hôpital Saint-Jacques-au-Bois (1), nous avons montré que de toutes les villes de Flandre, Cambrai fut celle qui prit l'initiative des entreprises charitables.

Vers l'an 1071, un riche bourgeois, Ellebaud-le-Rouge, jetait les bases du premier hôpital, celui de Saint-Julien, « pour le soulagement des personnes nécessiteuses et affligées ».

Cet homme de bien eut de généreux imitateurs, et bientôt notre cité vit s'élever d'autres refuges destinés à recevoir les victimes de la souffrance. Toutefois, ces asiles ne pouvaient contenir tous les malades qui s'y présentaient ; aussi, bien des miséreux restaient-ils chez eux privés des soins dont ils avaient besoin. Dans sa paternelle sollicitude, le Magistrat, aidé par les libéralités de quelques concitoyens, eut l'heureuse idée d'y suppléer par l'institution de consultations gratuites et de secours médicaux à domicile.

Nous ignorons la date précise de cette charitable institution ; selon toute probabilité, elle doit

(1) Du même auteur : *L'Ancien Hôpital St-Jacques-au-Bois de Cambrai.* Ouvrage couronné par la Société d'Encouragement au bien et par la Société des Sciences de Lille. — Paris, Ernest Leroux, éditeur, 1899.

remonter à l'an 1366, époque où les mires
cambrésiens établirent la confrérie de Saint-Côme
et Saint-Damien. A l'occasion de cette pieuse
fondation ils avaient pris l'engagement « de
remuer, visiter et consillier » gratuitement toutes
les personnes qui auraient besoin des secours de
leur art et qui se rendraient à Cambrai la veille et
le jour de la fête de St-Côme et de St-Damien (1).

Ces consultations, au lieu d'être ainsi offertes
extraordinairement une fois l'an, devinrent dans
la suite plus fréquentes, ce qui était indispensable
si l'on voulait pourvoir à toutes les nécessités.

Des médecins et des chirurgiens, non pas
quelconques, mais choisis parmi les plus estimés
et les plus éclairés, reçurent donc du Magistrat la
mission de secourir gratuitement les malades
nécessiteux qui se trouvaient inscrits aux tables
des pauvres (2).

Ordinairement il n'y avait qu'un médecin et un
chirurgien chargés de ce service ; ils touchaient
une pension annuelle fixe, et c'est précisément à
cause de cette pension qu'on les nomma médecin
ou chirurgien pensionnaire.

----

(1) Voir au dernier Chapitre, les Statuts de la confrérie
de St-Côme et St-Damien.

(2) Les tables des pauvres ou pauvretés étaient des
bureaux de secours rattachés à chaque paroisse. Elles
jouissaient de ressources importantes provenant d'aumônes
et de fondations diverses.

Les ressources du Bureau de Bienfaisance actuel sont
surtout constituées par les anciennes pauvretés de Ste Croix,
de Ste-Elisabeth, de St-Georges, de St-Géry, de la Madeleine,
de St-Martin, de St-Sauveur et de St-Vaast.

La place de médecin ou de chirurgien pensionnaire
était très recherchée : les titulaires trouvaient en
effet dans les soins qu'ils donnaient aux déshérités
de la fortune, le moyen de se faire à la pratique et
d'acquérir quelque notoriété ; de plus, ils
nourrissaient en eux-mêmes le secret espoir que
les preuves de leur dévouement ne resteraient pas
inconnues, et qu'en allant aux oreilles des riches,
elles leur attireraient de nouveaux clients. Une
telle confiance aujourd'hui exposerait à bien des
mécomptes !

Le chirurgien pensionnaire était tenu de visiter
à domicile les malades indigents qui ne pouvaient
se déplacer et de leur procurer tous les soins qui
étaient du ressort de son art, sans pourtant
empiéter sur ce qui regardait la médecine. Quant
aux indigents malades capables de se déplacer, ils
devaient se rendre à la consultation que donnait
le chirurgien. Cette consultation avait lieu dans
un dispensaire, à jour et heure fixes, dans le but
d'éviter aux autres clients l'aspect et le contact de
gens plus ou moins malpropres, et aussi pour
écarter le plus possible tout danger de contagion.

Nous avons retrouvé dans les registres (1) de
comptes déposés aux archives communales, les
noms des chirurgiens pensionnaires qui, à partir
de 1388, furent chargés de donner leurs soins aux
pauvres, les premiers étaient encore désignés sous
le nom de mires.

---

(1) Ces registres de comptes, comprenant les recettes et
les dépenses de la ville, et faits pour chaque année, ne
commencent qu'en 1318 ; il en manque un certain nombre.

On nous saura sans doute gré de reproduire ici les noms de ces modestes praticiens qui, durant plus de quatre siècles, surent donner, surtout en des circonstances difficiles, les plus magnifiques exemples d'amour de l'humanité et firent preuve du dévouement le plus sublime.

Le premier inscrit est maistre Thumas, le mire, — 1388 à 1391 — « pour sa pencion de remuer et visiter les povres, pour une année finie à la candeler lan dessus dit (1388)... Cent sols parisis qui valent six livres cinq sols tournois. » (1).

A la suite de Thumas viennent successivement :

Williaume, le mire,		1401-1429.
Etienne, le mire,		1433-1435.
Etienne du Moulin, le mire,		1436-1437.
Jean Wiry, le mire,		1437-1443.
Jacques, le mire,		1443-1445.
Jehan le Duc, cirurgien,		1457-1458.
Jehan Grardelle, cirurgien,		1459-1467.
Jehan le Duc,	id.	1469-1482.
Karle Leeman,	id.	1488-1494.
Leurent Desmollins,	id.	1494-1505.
Jehan d'Ostriche,	id.	1505-1515.
Jehan d'Auitre, Pierre Pillois,	id.	1515-1516.
Pierre Pillois,	id.	1516-1549.
Jehan Lefebvre,	id.	1549-1552.
Isaac Darras,	id.	1553-1558.
Jehan le Cocq,	id.	1558-1562.

(1) *Arch. Com.* C. C. Registre des comptes, année 1388.

Antoine Science, cirurgien, 1579-1581.
Jehan le Cocq,   id.   1581-1587.
Jehan Alexandre,   id.   1587-1617.
Pierre Alexandre, chirurgien, 1625-1642.
Honoré du Pré,   id.   1651-1652.
Pierre d'Hornes,   id.   1669-1703.
P. Raussin,   id.   1703-1711.
Jacques Lefebvre,   id.   1711.
Bouvier,   id.   1741.
Lefebvre,   id.   1750 (1).

Les appointements des chirurgiens pensionnaires n'étaient certainement pas très élevés : 6 livres, 5 sols, c'était bien peu ; tels pourtant ils restèrent jusqu'en 1579. A partir de cette année jusqu'en 1587, ils furent portés à 60 livres, pour descendre ensuite à 50 livres jusqu'en 1669, où on les fixa définitivement à 70 livres.

Plus loin, dans le chapitre réservé aux revendications des chirurgiens contre l'exercice illégal de la chirurgie, nous verrons que le Magistrat jugeait quelquefois à propos de faire appel, aux frais de la ville, à des opérateurs et spécialistes étrangers, quand les chirurgiens pensionnaires lui paraissaient insuffisants. Le Magistrat avait également recours à tout chirurgien de la ville reconnu comme plus capable, pour le traitement de certains cas spéciaux, ou quand il s'agissait de graves opérations.

(1) *Arch. Com.* C. G. Registres des comptes de 1388 à 1785.

Ainsi par exemple, nous avons remarqué dans les registres de comptes qu'il avait été attribué :

— « A maistre Jacques Belle, chirurgien, pour avoir médicamenté cincq personnes malades estant à la charge de la ville pendant le temps de trois sepmaines, 20 florins. » (1).

— « A maistre Guillebert, chirurgien, pour avoir pansé et médicamenté plusieurs soldats de M. le Prince de Condé ayant esté blessez estant venus au secours de ceste ville au siège dernièrement mis par les Français... 57 livres, 12 sols. » (2).

— « Au sieur Louis Joseph Raussin, chirurgien, — dont nous avons déjà parlé — payé 48 florins, pour une année de pension à luy accordés par Messieurs du Magistrat, par act du 10 Décembre 1698, en considération des opérations qu'il s'est obligé faire à l'esgard des pauvres qui se présenteront à luy pour estre taillez de la pierre, pensez des escruelles et aultres maladies, et à cet effet fournir les remèdes nécessaires.

Par quittance... 48 fl. » (3).

— « A Côme Damien Bouviez, chirurgien de cette ville, payé trente-huit florins huit pattars, à lui accordés pour avoir guéri un pauvre homme de cette ville qui ne pouvait entrer dans les hôpitaux à cause de ses maladies qui pouvoient se communiquer.

Par ordonnance et quittance... 38 fl. 8 p. 0. » (4).

(1) *Arch. Com.* C. C. Registre des comptes, 1651.
(2)   *Id.*   *Id.*   *Id.*   1657.
(3)   *Id.*   *Id.*   *Id.*   1698.
(4)   *Id.*   *Id.*   *Id.*   1748.

— En 1750, nous retrouvons ce même chirurgien, Côme Damien Bouviez, inscrit pour avoir reçu 50 florins « à lui accordés en considération des visites qu'il a fait aux pauvres personnes à qui le sieur Daniel, chirurgien ordinaire et oculiste du Roy avait fait l'opération aux yeux. » (1).

Nous pourrions encore citer d'autres chirurgiens qui, pour des services exceptionnels, émargèrent aux comptes de la ville, mais il faut bien nous borner.

En sus de leur traitement, les chirurgiens pensionnaires recevaient parfois du Magistrat quelque gratification, en témoignage de gratitude pour leurs services rendus. Nous en rapportant toujours aux registres des comptes, nous signalerons quelques noms de chirurgiens qui furent ainsi l'objet de ces gratifications pour différents motifs mentionnés en ces mêmes registres.

— « Au sieur Ducroc, chirurgien de cette ville, payé quatre-vingt-seize florins, à luy accordés par Messieurs M. du Magistrat en considération de ses assiduités et des bons services qu'il a rendus à la maison des pauvres de cette ville pendant huit ans.

Par ordonnance et quittance... 96 fl. » (2).

— « Au sieur Lefèvre, maître chirurgien, payé vingt-quatre florins à luy accordés en considération des peines qu'il s'est donné pour les malades de la

(1) *Arch. Com.* C. C. Registre des comptes, 1750.
(2)   *Id.*   *Id.*   *Id.*   1728.

maison des pauvres, pour le grand nombre de
seignées et pansemens qu'il a fait.

Par ordonnance et quittance, 24 fl. » (1).

— « A Jacques Lefèvre, maître chirurgien,
payé quatre-vingt-cinq florins, dix pattars et deux
doubles pour luy tenir lieu d'exemption de vingt
rasières de soucrion et d'une demie pièce de vin à
luy accordé pour chacune année, outre et pardessus
la pension annexée à la place de chirurgien de la
maison des pauvres, et ce pour une année escheu
le 1er Aoust 1734.

Par ordonnance et quittance, 85 fl. 10 p. 5. » (2).

— « Aux sieurs Lefèvre et Secourgeon, chirurgiens,
payé deux-cent-cinquante-deux florins, pour avoir
visité et pansé plusieurs pauvres malades tant de
jour que de nuit, pendant les années 1741-1742. » (3).

— « A Charles Bouvier, chirurgien, a été payé
par ordonnance la somme de quarante-huit florins
pour gratification à lui accordée à cause des
pansemens, soins et remèdes qu'il a administrés à
un pauvre enfant qui avait eu le malheur de
tomber dans le feu.

Cy par quittance, 48 fl. 0 p. 0. » (4).

Après avoir parlé des soins donnés à domicile
aux malades pauvres, il y aurait lieu d'examiner
le fonctionnement du service de chirurgie chez les

(1) *Arch. Com.* C. C. Registre des comptes, 1733.
(2)   *Id.*   *Id.*   *Id.*   1734.
(3)   *Id.*   *Id.*   *Id.*   1741-1742.
(4)   *Id.*   *Id.*   *Id.*   1777.

hospitalisés. Comme il y a sur ce point disette de renseignements précis, nous serons forcément très brefs.

Sans doute aurions-nous trouvé à ce sujet quelques précieux détails aux archives des hospices, mais l'administration occupée en ce moment à en dresser l'inventaire n'a pas pu nous octroyer l'autorisation de les consulter.

Dans nos observations générales sur les asiles de la charité à Cambrai (1), nous avons dit que les hôpitaux étaient primitivement desservis par des frères et par des sœurs, et qu'à partir du commencement du XVᵉ siècle il n'y eut plus que des sœurs. Ces filles dévouées « dont le zèle — comme l'a dit Bruyelle (2) — était en grand renom dans tout le pays », donnaient les soins habituels aux blessés et n'avaient recours aux chirurgiens que dans les cas difficiles ou pour des opérations sérieuses, ce pour quoi on s'adressait tout d'abord aux chirurgiens pensionnaires, et c'est seulement en cas de nécessité que le Magistrat faisait appel à d'autres praticiens de la ville ou à des étrangers qui paraissaient plus experts. Ces chirurgiens étrangers recevaient une rétribution en rapport avec les services qu'ils rendaient ; c'est ainsi que, par exemple, nous voyons en 1494 le Magistrat accorder 33 livres, 6 sols, 8 deniers -- le compte,

---

(1) Du même auteur :˙ *L'Ancien Hôpital Sᵗ-Jacques-au-Bois*, Introduction, page IX.

(2) A. BRUYELLE, *Les monuments religieux de Cambrai*, p. 186.

comme on peut le remarquer, était juste —
« à maistre Laurent Demolins, cirurgien, en
reconnaissance de ce qu'il a visité et visitle
journellement les hospitaux et aultres poves
personnes de ceste cité, dont les plusieurs ils
garist de leurs inconvéniens et maladies, tant
pour ses paines, non meismes pour ses onguemens
ou drogheries avoir pris sallaire ou rétribution,
espérans que de bien en mieulx il doibve en ce ou
temps advenir persister et continuer et qu'il fera
sa résidence en ceste dicte cité. » (1).

En 1501, le Magistrat accorde « à maistre
Mathieu Delattre, cirurgien, ayant à l'ordonnance
de Messieurs médicamenté et solicité (visité) les
malades bleschiez estans aux hospitaux de la ville,
30 livres. » (2).

Confiant en l'équité du Magistrat, certains
chirurgiens qui se considéraient comme insuffi-
samment rétribués pour l'importance de leurs
services, ne reculaient pas devant une démarche
auprès de lui, à l'effet d'obtenir une augmentation
d'appointements ; c'est du moins ce que nous
apprennent les deux lettres de sollicitation dont
nous allons donner connaissance.

« A Messieurs M. du Magistrat de Cambray,

Supplie très humblement Jacque Lefebvre,
maistre chirurgien de cette ville, disant que depuis

(1) *Arch. Com.* C. C. Registre des comptes, 1494-1495.
folio 69.

(2) *Id.* *Id.* *Id.* 1581.

trois ans quil a plue à vos seigneuries lui conférer
la place de chirurgien de votre maison des pauvres,
il y a usé de son art avec beaucoup de soing et
d'assiduité, jusques-là, qu'il est obligé de s'y
rendre et quil y a estez appellez souvent trois ou
quatre fois par jour pour les lavemens et seignés
fréquentes à y faire, qui montent à plus de cent-
cincquante par chacun an, ainsy que vos seigneuries peuvent estre appaisées de messieurs les
commissaires directeurs de la ditte maison et des
préposez au gouvernement en ycelle, sans comprendre les blessez et accidentez d'abcès qu'il est
tenu de penser pareillement.

Le suppliant qui n'a demandez cette place, après
que le sieur Ducrocq la quittez, que pour tesmoigner
son zèle à rendre service à la ville, a remarquez
depuis lors que son devoir et ses obligations à
quitter à touttes heures sa boutique pour rendre
service à la ditte maison, l'intéressait considéra-
blement au lieu d'en tirer aucun profits, puisque
le suppliant qui n'a que vingt rasières de grains
d'exemption, n'est point en puissance d'en profiter
faute de facultée ; en sorte que l'on peut dire que
le suppliant travaille et donne tout son tems et ses
soins sans profits.

Les besoings de sa famille l'invite, Messieurs, à
vous faire des représentations à cet égard.

Ce considéré, Messieurs, il vous plaise, en
considérant et prennant favorable égard aux
services rendus et à rendre par le suppliant en
votre ditte maison, à lavenir, avec le même zèle et
la même assiduitée quil a fait jusqu'à présent, luy

accorder une récompense proportionnée à ses
services et à son travaille qui luy tienne lieu de
salaires, et le suppliant fera des vœux au ciel
pour la santé et prospéritez de vos seigneuries, et
ferez justice.

Jacque LEFEBVRE. » (1).

La lettre qui suit n'est pas moins suggestive que
celle dont nous venons de donner lecture et mérite
également, selon nous, d'être citée.

« Remontre très humblement Charles Bomblez,
chirurgien demeurant chez la veuve Taine en
cette ville, disant que par l'effet de l'humanité et
de la compassion, il auroit entrepris différentes
cures sur le fils du nommé Théry, dit Poulot, qui
depuis un an environ il vous a plut de déposer à
l'hôpital général à cause de la monstruosité que
lui occasionna une brûlure depuis le sommet de
la tête jusqu'au ventre. Le remontrant par ses
opérations est parvenu au point de faire parler cet
enfant, lui a donné la forme du col ce qu'il n'avoit
pas ci devant, attendu que la machoire et la
poitrine ne faisoit qu'un.

De plus, il lui a rendu les yeux naturels, ce
qu'il n'avait pas, attendu la difformité que la
brûlure avoit occasionné sur la paupière inférieure.

Il eut encore le succès de parvenir à lui faire
contenir sa salive qui s'épanchait involontaire-
ment de la bouche, de façon qu'elle ne découle
plus, et cette opération donne à cet enfant le

(1) *Arch. Com.* G. G. nᵒ 261, Assistance, 1730.

moien de faire de bonne digestion au lieu qu'il n'en pouvoit avoir que de très mauvaises.

Il fallut de plus lui faire celle d'un dépôt gangréneux sur la poitrine, d'où il en est sorti une matière si cadavéreuse que le remontrant et ses assistans en essuièrent la plus grande révolution, et est enfin guéri.

Finalement le dévouement particulier du remontrant dans les exercices de son art joint à l'humanité avec laquelle il se prêtera éternellement au soulagement des malheureux, l'ont déterminé à réclamer votre considération, Messieurs, eut égard à sa petite fortune et à la dépendance dans laquelle il est obligé de vivre et qu'une petite gratification pourrait réparer.

Implorant, BOMBLED, chirurgien. »

Le Magistrat fit cette réponse :

« Vu la présente requette, l'enfant y mentionné, Messieurs du Magistrat ont accordé et accordent au suppliant par forme de gratification, soixante livres de France qui lui seront payés par M. Dumotinet, trésorier de cette ville.

Fait en pleine chambre... 11 octobre 1776.

DOUAY, greffier. » (1).

Il ne faudrait pourtant pas croire que le Magistrat pouvait toujours ainsi étendre ses largesses, loin de là : il y eut des temps difficiles, des épreuves

(1) *Arch. Com.* C. C. Registre des comptes, 1776.

terribles où les charges de la ville devinrent
tellement élevées que, plus d'une fois, le Magistrat
fut même obligé de surseoir à ses paiements. A
certaines époques, beaucoup d'habitants à bout de
ressources abandonnèrent la ville, et nous avons
vu des pays étrangers faire des offres à nos plus
habiles chirurgiens pour les attirer chez eux,
c'est par exemple ce qui advint à un de nos
meilleurs chirurgiens, le nommé Ducroc, qui alla
s'installer à Liège où il était demandé, malgré
toutes les instances faites pour l'en empêcher,
ainsi que le témoigne la correspondance échangée
entre le Magistrat de Cambrai et Monseigneur
Melhian, intendant de Flandre.

Voici la lettre du Magistrat :

« A Monseigneur Melhian, intendant de Flandre,

Monseigneur,

L'attention que nous croyons devoir marquer
dans tous les temps pour le bien public, nous fait
prendre la liberté de vous écrire au sujet d'un de
nos habitants que l'étranger cherche à nous
enlever. C'est un chirurgien, nommé Ducroc, qui
est très habil dans sa profession et qui s'y est
tellement perfectionné, que les Magistrats de Liège
où il est connu, luy offrent des avantages
considérables pour qu'il aille s'y établir. Il est
même déjà admis au nombre des chyrurgiens de
ce pays là, suivant les actes qu'il nous en a
montré, et on luy assure la protection du prince ;
cependant, malgré tout cela ledit sieur Ducroc,
par son pur amour qu'il a pour la patrie, offre de

rester, pourvu qu'on luy donne une pension
modique, afin de pouvoir faire subsister sa famille
et soutenir les maladies dont elle est affligée
depuis quelque temps.

Nous n'avons plus d'autres chyrurgiens qui
soient bien au fait de la profession, sinon le sieur
Raussin, chyrurgien-major, de sorte que nous
pourrons dire d'être sans chyrurgiens, si nous
laissons quitter ledit Ducroc, en qui tout Cambray
a beaucoup de confiance à cause des belles cures
qu'il y a faites. Il nous demandait, Monseigneur,
une pension de six cents livres, mais luy ayant
fait sentir le mauvais état de notre caisse, nous
l'avons réduit, sous votre bon plaisir, à se contenter
de la moitié. L'objet ne nous paroit pas fort
considérable, par rapport aux services et aux
avantages que nous sommes persuadés que le
public tirera par la présence de ce chyrurgien.

Sous ces motifs, nous venons avec confiance
supplier Votre Grandeur d'avoir la bonté
d'approuver ce que nous avons fait dans des
circonstances aussy intéressantes, et de seconder
les veues de ceux qui ont l'honneur d'être avec un
très profond respect, Monseigneur, de Votre
Grandeur, les très humbles et très obéissans
serviteurs.

Les Prevost et Eschevins de Cambray... » (1).

Sa Grandeur Monseigneur Melhian ne se laissa
pas toucher par toutes les bonnes raisons exprimées

(1) *Arch. Com.* B. B. nº 11. Correspondances 20 Fév. 1728.

par le Magistrat ; il lui répondit qu'il était inutile de faire pareille dépense, sous prétexte que les intérêts de la ville devaient primer les intérêts d'un simple particulier. Il est vrai — ajoutait-il — « qu'il est toujours bon de faire tout son possible pour conserver dans les villes les gens habilles, mais Cambrai ne manque pas de bons chirurgiens par suite de la présence des chirurgiens-majors et aides-majors qui y sont attachés. » (1).

Vu le refus bien involontaire de la ville de lui voter une pension de trois cents livres, le sieur Ducroc se décida à accepter les offres de la ville de Liège, mais ses pensées se reportaient souvent sur Cambrai ; il le prouve du reste surabondamment par la lettre suivante qu'il adressa au Magistrat au moment du nouvel an qui suivit son départ.

« Messieurs,

Je n'oublieray jamais les obligations que j'aye de vos seigneuries de tous les bienfaits dont elles ont eu la bontée de me combler. J'ose profiter de cette occasion de la nouvelle année pour la leur souhaitter très-heureuse. Je fais des vœux au ciel pour qu'il comble Vos Seigneuries de ses grâces et qu'il les fasse vivre *ad Nestoris annos*, et quoique je ne fasse plus nombre d'un peuple qui fait l'ornement d'une ville que Vos Seigneuries gouvernent et policent avec autant de bontée que de sagesse, je veut cependant mourir, de Vos

---

(1) *Arch. Com.* B. B. n° 11. Correspondances. 8 Mars 1728.

Seigneuries, le plus soumis et le plus respectueux de leurs serviteurs.

DUCROC.

Liège, ce 27 décembre 1728. » (1).

— Par lettres patentes du mois de septembre 1724, le roi exigea la nomination d'un chirurgien pour les hôpitaux, et il devait être choisi parmi les maitres les plus habiles de la communauté.

Un exemple de nomination pour la place de chirurgien de l'hôpital général de la charité de Cambrai, a été conservé dans les documents biographiques de la collection Delloye. Cette nomination est ainsi conçue :

« Extrait du plumitif aux délibérations du Bureau de l'Hôpital général de la charité de Cambrai, du 21 mars 1791.

La place de chirurgien de l'hôpital général étant vaccante par le décès du sieur Charles Bombled, Messieurs Fredericq Francqueville, maire, de Waringhies, de Valicourt, de Gillobez, Volleperick, de la Place et Favory ont conféré et confèrent la dite place de chirurgien au sieur Rubin au gage et appointement (2) ordinaire, en comptant en relèvemens, tous les ans, à la dite veuve Charles Bombled la somme de quarante livres de France. »

(1) *Arch. Com.* B. B. n° 11. Correspondances.

(2) D'après un reçu du chirurgien Rubin, daté du 30 juin 1792, ces appointements s'élevaient à quatre-vingt-huit florins.

(Musée Communal de Cambrai. Collection DELLOYE. Liasse 49, pièce 28).

8

Comme on voit, il n'y avait pas de concours institué pour l'obtention de la place de chirurgien des hôpitaux à Cambrai, non que nous élevions des doutes sur les aptitudes que pouvait présenter le sieur Rubin dont il s'agit ici ; mais, d'une façon générale, n'était-il pas au moins étrange de voir de bons bourgeois, administrateurs très habiles assurément, mais complètement étrangers aux connaissances de l'art chirurgical, s'improviser juges du savoir et du talent des chirurgiens ?

Une dernière conséquence de la décision du roi dont nous venons de parler, c'est que dorénavant les religieux et les religieuses n'eurent le droit d'exercer la chirurgie qu'à l'intérieur de leur maison seulement, et pour les pauvres, en cas de nécessité et d'absence du chirurgien.

CHAPITRE VII

Les Chirurgiens des pestiférés.

S'il faut en croire les chroniqueurs de Flandre, la ville de Cambrai, comme d'ailleurs toutes les autres villes et campagnes environnantes, fut, dans les siècles passés, maintes fois éprouvée par de terribles épidémies.

Dans un chapitre précédent, nous avons déjà parlé de la lèpre, et nous avons constaté que les personnes atteintes de cette répugnante maladie étaient mises à l'écart des autres habitants de la ville, et recueillies dans des asiles spéciaux que l'on appelait maladreries ou léproseries.

Mais la contagion de la lèpre n'était malheureusement pas la seule à redouter : d'autres affections contagieuses bien plus terribles et non moins funestes vinrent, à différentes époques et à diverses reprises, semer l'épouvante et la mort dans notre cité.

De quelle nature étaient ces affections ? Il serait aujourd'hui bien difficile de le préciser : Nos ancêtres terrorisés par la rapide extension de ces maladies et par l'effrayante mortalité qui en était la conséquence, les considéraient, non sans raison peut-être, comme des fléaux du ciel et les désignaient toutes sous le nom générique de *Peste*.

Le cadre de cet ouvrage ne nous permet pas de faire l'historique des épidémies dont l'apparition

aussi bien que l'extension ne s'expliquaient que
trop par les déplorables conditions hygiéniques
d'antan ; aussi nous bornerons-nous à en donner
un simple aperçu, en indiquant la date de leur
apparition et les principales mesures qui furent
prises pour les combattre.

L'année 1036 est la première qui soit mentionnée
dans l'histoire comme ayant été désastreuse aux
Cambrésiens.

C'était au temps de Gérard de Florines, évêque
de Cambrai, « alors fust grand mortoil (mortalité)
et famine à Cambray, tellement que les chimen-
tières nestoient point assez grandes pour enterrer
les corps, por quoy le dist evesque fist faire ung
carneau en une grande carrière qui estoit hors de
la ville, et après la peste le dist evesque Grard y
fist faire une église de Saint-Sépulchre. » (1).

Disparu une première fois de notre cité, l'épou-
vantable fléau ne devait pas tarder à y reparaître,
comme le prouve l'énumération que nous allons
donner des épidémies qui se succédèrent jusqu'en
1670.

— L'an 1094, une grande épidémie enleva 18000
Cambrésiens (2).

---

(1) *Bibliothèque Communale de Cambrai*, M. S. nº 659,
fol. 38.

(Chroniques des Evêques de Cambrai, par l'abbé Mutte).

(2) *Bibl. Com.* M. S. nº 1207.

(Enumération en langue latine des épidémies survenues à
Cambrai de 1031 à 1668). *« Pestis ingens 18000 hominum
Cameracensi abripuit. »*

— En 1129, une épidémie terrible tomba sur Arras et sur Cambrai (1).

— « Meyerus, Grammaius, Locrius, Gelic, Buzelin et autres, disent qu' ès années 1315 et 1316, il y eut une peste qui désola toute la nature qui après avoir passé de l'Euphrate jusques à la mer glaciale, ne laissa sur la terre que la troisième partie du monde qu'elle y avoit trouvée : cincquante mille en moururent à Anvers, trente-six mille à Bruxelles, quinze mille à Cambray, etc.

Ce fut alors que l'amour et la charité furent tout-à-fait refroidies, le fils voyoit mourir son père sans se mettre en peine de le soulager, le frère et la sœur se fuyoient comme deux ennemis irreconciliables ; la mère abandonnoit son enfant, de peur de porter sa mort en la portant avec elle, et la femme regrettoit l'absence de son mary et n'en craignoit que la rencontre. » (2).

— En 1347 se déclara une horrible maladie pestilentielle (3).

— Il en fut encore de même pendant l'année 1368, puis un peu plus tard, après un moment d'accalmie, de 1400 à 1402 (4).

---

(1) *Bibl. Com.* M. S. n° 1207.
(Enumération en langue latine des épidémies survenues à Cambrai de 1031 à 1668). « *Lues horrenda Atrebati et Cameracensi.* »

(2) Jean LE CARPENTIER, *Histoire généalogique des Païs-Bas,* ou *Histoire de Cambray et du Cambrésis,* 1664 ; tome 1er, fol. 304.

(3) *Bibl. Com.* M.S. n°1207.Loc.cit.« *horibilis pestilentia.*»
(4)   *Id.*

— Dans le cours de l'année 1420, l'épidémie fit des ravages si cruels que tous les habitants quittèrent la ville (1).

— Les années 1437, 1438, 1453, 1454 et 1481 furent signalées également par de nouvelles visites de la peste.

Chose étrange, en 1437, elle n'atteignit que les chanoines (2).

— Le 22 septembre 1484, jour de la fête de St Côme et de St Damien, on fit une procession générale pour remercier la vierge « de la délivrance de la peste qui avait fort affligé les lieux voisins de la ville de Cambrai. » (3).

— En 1515, « une grande peste regnoit en Cambray et aux villages ès environs. » (4).

— L'année 1519 compte parmi les plus tristement mémorables : « en che temps estoit grande peste en Cambray, et si véhémente que toutes les paroisses faisoient procession en portant le corps de Jésus-Christ, en lui priant qu'il eust pitié de son propre peuple. » (5).

Il ne mourut pas moins de quinze à seize cents personnes.

— Durant les années 1522 et 1523, la peste sévit

---

(1) *Bibl. Com.* M.S. n°1207. Loc. cit. « *horibilis pestilentia.* »
(2)   *Id.*
(3)   *Id.*   « *ordinatur die lunæ festo S. S. Cosmi et Damiani fieri processionem generalem.* »
(4) *Bibl. Com.* M. S. n° 884. Chronique de l'abbé TRANCHANT.
(5)   *Id.*

avec une égale cruauté dans notre pauvre cité :
« on se mourroit en Cambray de la peste si fort
que c'estoit pitié. Il mourut de compte fait 800
personnes depuis la Sᵗ Jean jusqu'à la fin de
septembre ; et depuis septembre jusqu'au Noël, il
en mourut encore autant. » (1).

— En 1538, Cambrai se mit à trembler à la
nouvelle de la peste qui sévissait à Lille, Ypres,
etc. On fit des prières publiques pour détourner
le fléau (2).

— L'an 1545, « la contagion étoit grande à
Cambrai, et pour cette cause on fit faire des maisons
auprès du grand marais d'Escaudœuvres, là où
on mettoit les malades infectés de cette maladie.
Et depuis, Messieurs du Magistrat firent faire un
hôpital auprès de la maison *Tout-y-faut* (3),
auquel on y menoit les pestiférés. Il y avait des
sœurs noires de Sᵗ-Jacques-au-Bois qui les
gardèrent. Et le 13ᵉ jour d'Aoust du dit an fut
consacrée une mencaudée de terre ou environ,
pour faire un cimetière pour enterrer ceux qui
mourroient de cette maladie. » (4).

---

(1) *Bibl.Com.*M. S. nᵒ 884. Chronique de l'abbé Tranchant.

(2)   *Id.*

(3) *Tout-y-faut* était le nom d'une maison et d'un marais,
autrefois fort renommés, à cause des joyeuses réunions qu'y
tenaient les habitants de Cambrai. Cette maison et ce marais
de *Tout-y-faut* étaient situés au faubourg Sᵗ-Roch, sur la
rive droite de l'Escaut, à l'emplacement actuel de la Blan-
chisserie Brabant et Cⁱᵉ.

(4) *Bibl. Com.* M. S. nᵒ 1207. Loc. cit.

— La peste vint à nouveau exercer ses ravages dans Cambrai en 1571, 1594, 1636, 1637 et en 1664.

Pendant cette dernière année, la maladie — au dire de l'historien qui le raconte — envahit notre cité d'une façon tout-à-fait inopinée et des plus bizarre : « Elle fut apportée de St-Omer par des cavaliers espagnols qui en étaient infestés ; ayant pris leur logement à « *la Bombe* » (1) sur le marché au bois, ils la communiquèrent à l'hôtesse qui était enceinte ; elle accoucha peu de temps après et l'on s'apperçut que l'enfant portoit un charbon sur le nombril. Le Magistrat, instruit de cette triste nouvelle, fit aussitôt barrer la maison et observer la quarantaine au curé et au clerc qui avoient administré les sacremens à la mère. Ces précautions n'empêchèrent cependant pas que ce fléau ne se communiquat dans toute la ville, ce qui fit retirer beaucoup de bourgeois à la campagne et au Câteau qu'en fut garanti.

Peu de villages en furent affligés, et l'on a remarqué que les paysans qui apportoient leurs denrées à vendre à lordinaire n'en furent point attaqués et que ceux qui avoient le charbon en guérissoient communément ; mais il en échappoit fort peu de ceux à qui cette maladie commençoit par un mal de tête. » (2).

---

(1) La taverne de « *la Bombe* » était une très ancienne hôtellerie qui a été démolie et reconstruite ; depuis plusieurs années elle a changé de destination. Cette maison se trouve située au n⁰ 26 de la Place-au-Bois.

(2) *Bibl. Com.* M. S. n⁰ 1207.

Huit mille Cambrésiens furent victimes de cette épidémie, chiffre vraiment énorme.

— Les années 1666, 1668 et 1670 sont les dernières que mentionnent les chroniqueurs comme ayant encore été grandement funestes aux habitants de notre cité.

Que de deuils accumulés par la violence de ces contagions terribles ! Cependant, il ne faut pas trop s'en étonner si l'on songe qu'autrefois, surtout dans les siècles les plus reculés de notre histoire, aucune mesure sérieusement efficace n'était prise pour lutter contre de tels fléaux. Ce n'est qu'à partir du XVIe siècle que l'on commença seulement à prendre les mesures nécessaires pour enrayer la propagation de la peste. C'est ainsi que nous voyons, en 1544, le Magistrat de Cambrai établir des règlements pour prémunir les habitants contre les envahissements des épidémies. Ces règlements souvent renouvelés subirent de nombreuses modifications motivées par le besoin et les circonstances, notamment en 1557, 1574, 1636 et 1720 (1).

Les principales prescriptions étaient surtout destinées à introduire la propreté dans les rues et dans les habitations ; on exigeait la déclaration des cas de maladies contagieuses, l'isolement des personnes atteintes et l'établissement des quarantaines ; on indiquait les précautions à prendre pour éviter la contamination, et enfin, on organisait le service des pestiférés : « Que tous bourgeois et

(1) *Arch. Com.* G. G. nᵒ 264. Règlements pour les maladies contagieuses.

habitans de ceste ville — est-il dit dans le règlement
de 1636, un des plus complets — ayant à faire
diligence de vuider prestement hors de leurs
maisons les fiens (fumiers) et immondices à ce
que les bencleurs *(ramasseurs)* les puissent transporter aussytost. » (1).

« Sy ordonnons à toute personne indifféremment
de tenir les ruyotz estant audevant de chacune
leurs maisons nettoyez...... y jecter quelque scelles
ou sceaux d'eaue pour les laver, affin que par ce
moyen, il ne s'y engendre putréfaction. » (2).

Ceux qui tenaient et nourrissaient « porcq,
lappins, oisons, annettes, et aultres semblables
bestiaux aiant la fiente puante » étaient tenus de
s'en débarrasser ou de les faire nourrir en dehors
de la ville.

Il était interdit aux faubourriens et à toute
personne en général d'introduire en ville des fruits
tendres, des prunes par exemple, « comme grandement subjectes à corruption ». (3).

La divagation des chiens et des chats était
prohibée, et les propriétaires de pigeons devaient
les tenir enfermés dans leur colombier.

Défense expresse « à toutes personnes indiffé-

(1) *Arch. Com.* G. G. nᵒ 264. Règlements pour les
maladies contagieuses.

(2) *Arch. Com.* G. G. nᵒ 264.

(3) Nous voyons dans le registre des comptes de l'année
1724, — *Arch. Com.* C. C. — le Magistrat accorder 20
florins « aux fruitiers pour les prunes qu'on leur avait
enlevé au mois d'aoust 1723, à cause des maladies qui
régnoient ».

remment de faire leurs fientes et ordures parmy les rues, cimetières et autres lieux abstraitz sur cincq livres (d'amende)........ et aux pestiferez qu'ilz n'aient à jecter sur les rues aulcune eaue ou immondice provenans de leurs maisons pestiférées, ains dans les latrines ou privées ». (1).

Tout commerce était suspendu, les fêtes publiques, les foires, les marchés, tout ce qui enfin pouvait donner prétexte à rassemblements était prohibé.

Les fripiers, vendeurs ou revendeurs n'avaient plus le droit de faire d'étalages « ni mettre aucuns habits pendus à leurs auvents, en leurs boutiques ni sur rues. » (2).

Personne ne pouvait « s'approcher des corps mortz de contagion, comme aussi des maisons pestiférées, soubz prétexte de porter aux personnes y estantes leurs nécessités et commodités ou aultre chose que ce soit, et aultrement communicquer avecq lesdits pestiférez ou deviser et s'arrêter devant les dictes maisons plus proche que de douze pas, sur dix livres d'amende. » (3).

Les pestiférés avaient ordre de quitter la ville pour être placés dans des baraques en bois où ils recevaient gratuitement tous les soins nécessaires, et ils devaient y rester six semaines (4). Ceux qui

(1) *Arch. Com.* G. G. 264.
(2)   *Id.*
(3)   *Id.*
(4) « Le 4 octobre du dit an (1634) estant mesdits sieurs (les quatre hommes) advertis que la servante du Pasteur

s'y refusaient, préférant leur demeure, se trouvaient privés de toute assistance de la ville.

Quant à ceux qui, après guérison, quittaient les baraques, ils étaient encore « submis se contenir dix jours en leurs maisons, sans hanter ou fréquenter avecq personnes infectées ou non, à peine de dix livres ».

Les maisons infectées devaient avoir leurs portes et leurs fenêtres fermées pendant deux mois, et, afin de mieux les désigner encore, on les marquait d'une croix blanche, d'une simple raie ou d'une barre en bois posée en travers, et il était défendu d'enlever ce signe sous les peines les plus sévères. L'entrée de ces maisons ainsi « barrées » (1) était interdite à qui que ce soit, sauf aux personnes chargées des soins des malades. Celles qui sortaient des maisons ainsi contaminées étaient obligées de porter aussi ostensiblement que possible une longue baguette blanche ou rouge,

de St-Géry estoit attainte de la peste, ont ordonné de la faire sortir hors la ville. Cons. elles est sortie ledit jour. »
Arch. Com. G. G. 264.

(1) Quelques exemples choisis entre tous :

— « Le 24 sept. 1634, la servante de M. Jean Caumont, chappellain de Nostre Dame, est mort en sa maison, marché aux poisson, ladite maison barrée. »
Arch. Com. G. G. 264.

— « Le 10 sept. 1636, fut pestiférée la maison de M. Allexandre Ledieu, demourant rue de Noyon et sa maison fut barrée de rouge. »
Arch. Com. G. G. 264.

— « Le 21 oct. 1636, l'hospital de St-Jean fut barrée de blanc à cause de Jeanne Desmaretz, religieuse y décédée. »
Arch. Com. G. G. 264.

afin d'inviter les passants à prendre le large, et, soit dit entre parenthèse, ils n'avaient garde de se faire prier.

Ce n'est pas tout encore : on brûlait, dans les rues et sur les places, les vêtements et les literies des pestiférés. Le feu, d'ailleurs, passait autrefois pour être un des plus sûrs procédés d'assainissements en temps d'épidémies, c'était le désinfectant par excellence (1).

Le 11 août 1668, au moment où de rechef la peste sévissait dans Cambrai, le Magistrat obéissant aux ordonnances du roi, établit une chambre de santé (2) pour obvier à la maladie et régler tout ce qu'il y avait à faire en telle occurrence. Le soin en fut confié au célèbre médecin Amé Bourdon dont nous avons déjà parlé.

---

(1) Les anciens médecins, — à ne citer que Hippocrate par exemple, — prescrivaient en temps d'épidémie, d'allumer des feux dans les carrefours et sur les places publiques, estimant que cet agent de purification était propre à éteindre les germes des maladies.

C'est ainsi, qu'au commencement de la guerre du Péloponèse, Acron, médecin grec, mérita la reconnaissance des Athéniens pour avoir — au dire de Plutarque — chasser la peste de leur ville, en faisant allumer de grands feux dans toutes les rues.

MIGNE, Dictionnaire des superstitions, p. 208.

(2) La chambre de santé avait son cachet en forme de sceau rond de 25 millimètres, — tel qu'il est représenté sur la planche n° 1, — portant dans le champ les armes de la ville et en légende « Chambre de Santé de Cambray ». Ce sceau qui faisait partie de la collection Cambrésienne de Victor DELATTRE a été décrit par ce savant archéologue dans un remarquable travail intitulé : « Documents inédits sur la Sphragistique de Cambrai » qui obtint, en 1882, une médaille d'or de la Société des Sciences de Lille.

C'est seulement à partir de cette époque que le
service des pestiférés reçut une véritable organisation. Conjointement aux sergents ou officiers de
la peste, aux semainiers et aux quatre hommes
habituellement en fonction jusqu'alors, des médecins et surtout des chirurgiens furent spécialement
désignés pour soigner les pestiférés. A côté d'eux
et toujours attachés au chevet des malades, on
pouvait admirer les membres du clergé séculier,
les religieux et les religieuses, les bonnes sœurs
noires de l'hôpital St-Jacques-au-Bois (1), ils
donnèrent, ou plutôt prodiguèrent, eux surtout, les
preuves du plus héroïque dévouement, et, en
raison de leur contact continuel avec les pestiférés,
il ne faut pas s'étonner s'ils fournirent, nobles et
obscures victimes de la charité, le plus grand
contingent nécrologique.

Pour en revenir aux chirurgiens, que nous avons
dû abandonner un instant pour décrire le funeste
champ où ils eurent à exercer leur profession,
nous devons de suite déclarer que leur recrute-
ment devenait difficile, quand il s'agissait de
donner des soins aux pestiférés. Etaient-ils sourds
à la voix du devoir ? Etait-ce le manque de
dévouement qui les tenait ainsi à l'écart des
atteintes de la contagion ? Loin de nous un tel
soupçon ! Mais comment ne pas faire entrer en
ligne de comptes la prévision de se voir isolé,
éloigné des siens, privé de toutes relations, devenu

(1) Du même auteur : *L'ancien Hôpital St-Jacques-au-
Bois de Cambrai*, Chapitre IV, page 66.

un objet d'effroi pour tous ceux que la maladie n'avait pas frappés, et n'y avait-il pas de quoi s'effrayer en envisageant des sacrifices aussi durs ! C'est qu'en effet, il leur était interdit « comme aussi les bayards de s'approcher et de communiquer aulcunement avecq aultres non pestiférez, ny passer par les rues estroittes, ains prendre toujours le large tant que faire le polra.... sur peine d'estre desportez de leurs charges et pugnis exemplairement. » (1).

Ils ne pouvaient plus dès lors soigner d'autres malades que ceux atteints de maladies contagieuses.

Pour les distinguer des autres chirurgiens, et pour qu'on les reconnût facilement, ils devaient porter une robe de drap rouge (2) et tenir en main une baguette blanche ou rouge.

Il n'était pas jusqu'à leur maison qui ne portât également une marque distinctive.

Les chirurgiens des pestiférés étaient encore obligés de déclarer les noms des citoyens frappés de la peste, et, quand un individu mourait, de constater la cause du décès ; nous en avons retrouvé les preuves :

(1) *Arch. Com.* G. G. nᵘ 264. Règlements pour les maladies contagieuses.

(2) Dans le registre des comptes de 1550-1551, il est noté en effet que « suivant l'accord faict avecq Jehan Lefebvre, chirurgien, de la retenu commis pour penser les infectez de peste, Messieurs ont ordonné estre mis en mises par le rechevceur de la ville le parfaict d'une robbe, ordonné au dit maistre Jehan, à six aulnes de drap pour le terme qu'il a exerchit le dit estat. »

Arch. Com. C. C. nº 155, fol. 42 verso.

« Le 24 mai 1635 fut visité par le docteur Cresteau et maître Pierre Alexandre, chirurgien, Jean Bernard, concierge du Palais de Monseigneur de Cambray, puis Messieurs les quattres hommes et fut jugé en contagion et enterré en la cimentière de St-Fiacre. » (1).

« Par ordonnance du 13e du mois de janvier de cest an 1640, a été payé la sôme de cens cincquante florins à M. Pierre Alexandre, chirurgien pensionnaire de ceste ville de Cambray, pour avoir durant l'infection dernière visité plusieurs corps morts tant en ceste ville que hors d'icelle. » (2).

Un état de ces déclarations, — toutes dans le genre de celles que nous venons de citer, — était déposé à la chambre communale. La chambre de santé en devint dépositaire, dès qu'elle fut fondée.

L'ensemble de ces déclarations renferme de bien curieux renseignements propres à enrichir l'histoire — encore à faire — des épidémies auxquelles fut en proie la ville de Cambrai.

En présence des difficultés que l'on rencontrait pour assurer le service médical des pestiférés, le Magistrat s'efforça de gagner les chirurgiens par l'appât de quelques avantages.

Celui qui consentait à accepter cette pénible charge, sa vie durante, recevait une pension de 60 livres par an, plus trois florins par jour, pour son entretien pendant l'exercice de ses fonctions. On

(1) *Arch. Com.* G. G. n° 264.
(2)   *Id.*   C. C. Registre des comptes, année 1640.

lui donnait une maison avec jardin et on lui payait sa robe de petit drap (1), sans compter bien souvent d'autres petits cadeaux non spécifiés.

En outre, aux candidats à la maîtrise qui s'engageaient, une fois reçus, à soigner les pestiférés, il était accordé certaines facilités pour l'obtention de leurs lettres de maîtrise, on l'exemptait par exemple des frais de réception.

Malgré ces avances, le Magistrat fut souvent obligé de recourir aux chirurgiens pensionnaires. Ces derniers d'ailleurs n'étaient-ils pas tout indiqués pour avoir déjà donné de multiples preuves d'abnégation dans le service des malades pauvres.

Pour les motifs ci-dessus mentionnés, l'office de chirurgien des pestiférés était à juste titre considéré comme un poste d'honneur, aussi était-il l'objet d'une nomination spéciale, ainsi que le prouve le suivant témoignage.

« Estant venu à la cognoissance de Messieurs du Magistrat de la ville de Cambray que Pierre Alexandre est venu à décéder, estant maistre chyrurgien de ceste ville pour l'assistance et guérison des pestiférez, quant il y en at en la dite ville et banlieu, mes dits sieurs ont par ceste dénommé et pourvu en la dite place et office Honoré Dupret, maistre chyrurgien demourant en ycelle ville pour exercer ledit office de ce jour en avant aux occasions, soubz les maismes gaiges,

(1) *Arch. Com.* II. H. 10, Police n° 1. Règlemens des corps de métiers de Cambray, 1668, art. 11, fol. 131 à 133. Voir pièce justificative n° 3, art. 11.

proffits, robbe, maison et émolumens qu'on eus
ses prédécesseurs et de par icelluy Dupret, s'acquiter
deument et diligeamment suyvant son art du dit
estat et office, il en a faict et presté le serment ad
ce requis en plainne chambre, cy à payer à mes
dits sieurs le disner qu'il est deub par semblable
officier à la dite réception.

20 mai 1648. » (1).

Il nous reste maintenant à inscrire au livre d'or
de la charité et du dévouement les noms des
chirurgiens qui se vouèrent, avec le zèle le plus
généreux et une infatigable activité, au service des
pestiférés. Les documents que nous avons consultés
ne nous ont laissé que quelques noms ; raison de
plus pour rappeler leur souvenir à la postérité.

Antoine Science (2),	1579-1581.
Jehan Lecocq,	1581-1588.
Jehan Alexandre,	1588.
Ysidore Alexandre,	1636-1637.
Georges Bacelé,	1637-1640.
Pierre Alexandre,	1640-1648.
Honoré Dupret,	1648-1671.
Pierre de Horne,	1671-1705.

(1) *Arch. Com.* B. B. 17, Registre des offices, fol. 210,
verso.

(2) « A Maistre Antoine Science, cirurgien admis par
Messieurs pour assister aux infectez de la maladie conta-
gieuse ayant servy au dict estat à l'infection dernière aux
gaiges à luy ordonné de 60 livres tournois par an, luy a esté
payé pour 9 mois eschuz au 6e de Février 1580, — 45 livres
tournois. »... En marge : « *Charge nouvelle.* »

Arch. Com. C. C. Registre des comptes, 1579-1580.

Pierre Raussin,   1706-1713.
Jacques Lefebvre,   1713.
Cosme Damien Bouvier,   1755-1780.

Ce n'est pas le lieu ici de nous étendre sur le traitement institué autrefois contre les affections contagieuses. Ceux qui s'intéressent à cette question pourront consulter avec intérêt un traité de la peste par Jean Truye, médecin de Cambrai, ouvrage imprimé en 1597 et qui fit tellement sensation que l'on composa une ode en l'honneur de l'auteur (1). Cet ouvrage se trouve à la bibliothèque communale de Cambrai où il est catalogué sous le n° 1418.

Les nombreux remèdes conseillés dans ce traité constituent un vaste herbier de plantes aromatiques où l'on voit confondus : l'absinthe, la sauge, le thym, le serpolet, l'hysope, la menthe, la mélisse, la tanaisie, la pimprenelle, la germandrée, sans oublier l'ail, cet aloès du pauvre, etc., etc.

A côté de ces remèdes, il en est des plus bizarres et dont l'efficacité ne devait certes pas toujours répondre à la confiance que l'on avait en eux. C'est ainsi, par exemple, que pour amener la maturité des bubons ou des tumeurs charbonneu-

---

(1) *Traicté de la Peste*, auquel sont contenus et déclarés l'essence, causes, effects et propriété, avec la précaution et curation d'icelle, selon la vérité et doctrine d'Hippocrate, plus clairement et distinctement, qu'il n'a esté faict, jusques icy, par Jean TRUYE, médecin ordinaire de la cité de *Cambray*.

Douay. De l'Imprimerie de Charles BOSCARD.

Au Missel d'or, l'an 1597.

ses il est recommandé d'appliquer « sur le boche
(bubon) l'huile de scorpions, la fiente de coulomb
ou autres volailles, les pigeons ou autres poulailles
fendus et ouverts par le dos, etc. » et comme le
dit l'auteur en terminant : « Par ces moiens et
l'assistance de la grâce divine, il ne fay doute que
plusieurs pourront conserver leur première santé
ou retourner en convalescence des cruels et
périlleux assauts et dangiers de la peste qu'ils
auront courus. » (1).

(1)   .   .   .   .

Les Romains de peste affligez
En furent jadis allégez
par le médecin Esculape,
Et par toy se guérissent or'
mille Cambrésiens encor',
Des maux dont à peine on eschape.
.   .   .   .

(Ode à Jean TRUYE).

CHAPITRE VIII

Les Chirurgiens accoucheurs et les Sages - femmes.

Nous n'apprendrons rien probablement à nos lecteurs, en leur disant que dès les temps les plus reculés, l'art des accouchements était pratiqué par des femmes désignées sous le nom de matrones ou de sages-dames, nom des plus suggestifs, et qui s'explique tout naturellement par la sagesse et la moralité que réclamait un tel ministère.

S'il faut en croire Astruc (1), l'emploi des chirurgiens dans les accouchements ne remonte guère plus haut que les premières couches de Madame de la Vallière, en 1663 ; comme elle voulait le plus grand secret, on fit appel, sur sa demande formelle, à Julien Clément, chirurgien de haute valeur, et on le conduisit avec le plus grand mystère dans une maison, où se trouvait Madame de la Vallière ayant le visage couvert d'une coiffe. L'accouchement se termina aussi heureusement qu'on pouvait le désirer, et comme bien l'on pense, le bruit ne tarda pas à s'en répandre parmi les personnages de la cour ; de là des félicitations pour l'habile opérateur, et, quelques années plus tard, le roi y mit le comble,

(1) ASTRUC. *Art d'accoucher*, fol. 38, Paris 1766.

en accordant des lettres de noblesse à ce chirurgien devenu rapidement célèbre (1).

Il va sans dire que Clément continua d'être
employé, et toujours avec un égal succès, dans les
autres couches de la même dame, lesquelles ne
furent plus aussi secrètes. Il n'en fallut pas
davantage, pour donner aux princesses le goût de
se servir de chirurgiens pour les assister en
pareilles occurrences ; et cet usage fut bientôt
consacré par la mode, si bien qu'on inventa le

(1) « Encore que l'anoblissement et les autres titres
d'honneur que nous accordons soient le plus ordinairement
la récompense des services que nos sujets nous rendent
dans la profession des armes, cependant nous n'avons pas
laissé de départir quelquefois ces grâces à ceux qui ont eu
l'honneur de nous rendre leurs services dans des charges
qui les ont approchez de plus près de notre personne, ou
qui dans des professions ou emplois qui demandent de
l'expérience, de la sagesse et de la conduite en ont donné
des marques solides.

Et comme notre cher et bien ami Julien Clément, l'un de
nos chirurgiens et premier valet de chambre de notre petite-
fille la Dauphine, après s'être appliqué pendant plusieurs
années aux accouchemens, avoit mérité d'être choisi pour
rendre ses services en cette qualité à feue notre fille la
Dauphine, et qu'il a eu l'honneur de recevoir au monde nos
petits-fils le Dauphin, le roi d'Espagne et le duc de Berry,
qu'il a reçu de même les enfans dont il a plû à Dieu de
bénir le mariage de ces princes et princesses de notre sang
royal depuis plus de trente-cinq ans : Nous avons cru que
sa grande capacité, ses soins et sa sagesse méritoient une
marque d'honneur.....

Et pour lui donner encore un témoignage plus authen-
tique de notre estime, nous lui permettons d'ajouter aux-
dites armoiries une fleur de lis d'or sur champ d'azur... »

A. FRANKLIN. La vie privée d'autrefois. Variétés chirurgicales, fol. 95.

nom d'accoucheurs pour désigner cette classe de chirurgiens (1). C'est donc de cette époque que date l'immixtion des chirurgiens dans l'art obstétrical.

On remarquera qu'il n'est ici nullement question de médecins, ce qui s'explique aisément par le mépris qu'ils affectaient de montrer aussi bien pour les accouchements — œuvres serviles et manuelles — que pour tout ce qui avait rapport à la chirurgie : aveuglés par ce dédain, ils n'entendaient rien à la pratique de cet art, et demeuraient figés qu'ils étaient dans leur solennelle nullité.

Dans un chapitre précédent, nous avons pu constater avec quelle lenteur l'instruction s'était répandue en Flandre et notamment dans le Cambresis ; l'étude des accouchements s'en ressentit, et l'obstétrique ne se développa que très tard chez nous. L'intervention des chirurgiens, lorsqu'ils étaient demandés, se bornait à quelques pratiques routinières, et à vrai dire, elles étaient bien incapables de sauvegarder l'existence des parturiantes, quand elles étaient en péril.

Quant aux sages-femmes, leur savoir était des plus minces et ne comprenait que les renseignements qu'elles recevaient de leur mère, ou que voulaient bien leur donner des voisines.

A quoi bon, après tout, instituer des leçons d'apprentissage, puisque cela était considéré

(1) Noel et Charpentier. *Nouveau Dictionnaire des origines*, Paris, 1833.

comme inutile pour exercer dans les petites villes et dans les villages : imbu de tels préjugés, « on s'instruisait comme l'on pouvait, le plus souvent au hasard des circonstances, parfois dans un livre, si l'on savait lire ; et puis l'on accouchait tant bien que mal la femme d'un crocheteur pour commencer. Quand on avait de cette façon pratiqué grandement durant cinq ans, l'on songeait à se faire recevoir sage-femme. En vérité il était bien temps ! » (1).

Pareil état de choses subsistait encore à la fin du XVIe siècle.

A Cambrai, les sages-femmes formaient une maîtrise, mais sans constituer de communauté ; elles étaient reçues maîtresses sages-femmes par le corps des chirurgiens de la ville qui avait la charge de les surveiller.

Toute aspirante à la maîtrise, pour être admise à l'examen, n'avait qu'à présenter un certificat de bonnes vie et mœurs délivré par son curé, et ordinairement celui-ci ne le donnait qu'à celle dont les femmes de sa paroisse avaient pour agréable de se servir dans leurs accouchements.

Etait-elle reconnue capable, après avoir été interrogée, on la recevait immédiatement, et on lui faisait prêter le serment par lequel elle s'engageait à se comporter sagement, honnêtement et vertueusement, à n'user de paroles ni de gestes

---

(1) Alfred FRANKLIN. *Vie privée d'autrefois.* Variétés chirurgicales, fol. 72.

dissolus, à se montrer diligente pour secourir aussi bien les pauvres que les riches, à n'user d'aucune substance abortive ; elle promettait aussi de se faire aider par un chirurgien ou une maîtresse sage-femme plus expérimentée, chaque fois qu'un cas dangereux ou difficile se présenterait, de ne délivrer aucune femme sans l'avertir de la nécessité de faire baptiser l'enfant nouveau-né, d'ondoyer ceux qui naissaient en danger de mort sous peine de révocation ; bref, elle jurait de se conduire dans toutes circonstances « en femme de bien et d'honneur ainsi que le nom de matrone ou sage-femme honorable l'y conviait. » (1).

Ces simples formalités remplies, la nouvelle sage-femme avait le droit de placer sur le devant de sa maison une enseigne ou tableau indiquant sa profession. Sur ce tableau généralement on voyait représentée, une femme portant un enfant sur le bras.

L'obligation imposée aux sages-femmes de faire baptiser les enfants ou de les ondoyer en cas de danger de mort — obligation à laquelle les chirurgiens étaient également astreints — nous donne l'occasion de rappeler que c'est à partir du X⁰ siècle que l'on commença en France, à consigner sur des registres spéciaux l'état-civil des individus, c'est-à-dire les conditions touchant leurs relations de famille : naissances, mariages, décès.

Ces registres étaient autrefois tenus par les curés

(1) A. FRANKLIN. *Vie privée d'autrefois*. Variétés chirurgicales, fol. 64.

de paroisse suivant l'ordre qu'ils en avaient reçu
du roi François Ier. En 1736, Louis XV confirma
dans cette charge le clergé et régla en même temps
les formules des actes de l'état-civil, leur mode de
contrôle et leur dépôt au siège de la juridiction.
A côté des actes de naissance — qui à vrai dire
n'étaient que des actes de baptême — ces registres
devaient recevoir aussi les déclarations d'ondoiements (1).

Il n'y a donc pas lieu de s'étonner si dans les
registres de l'état-civil conservés aux archives
communales de Cambrai, on rencontre de ci de là,
et toujours rédigées d'après la même formule, des
déclarations d'ondoiements pratiqués par des
sages-femmes ou par des chirurgiens.

Peut-être ne déplairait-il pas à nos lecteurs d'en
avoir sous les yeux quelques spécimens ? En voici
que nous avons glanés un peu au hasard de nos
recherches :

— « L'an 1782, le 16 Avril, a été ondoyé à la
maison, à cause du danger de mort, par le sieur
Bouvier, maître-accoucheur, un enfant mâle né
aujourd'hui à 4 heures 1/2 du matin, de Jacques
Joseph Delattre rentier et de Catherine Féron…»(2).

Paroisse Ste-Croix.

(1) « Les synodes provinciaux de Cambrai en 1586 et de
Malines en 1607, rappelèrent aux Magistrats qu'ils devaient
imposer aux sages-femmes l'obligation de faire baptiser les
enfants dans les trois jours après la naissance. »
En cas de danger de mort de l'enfant, elles devaient le
baptiser elles-mêmes.
Dr A. FAIDHERBE. *Les accouchements en Flandre*, fol. 21.
(2) *Arch. Com.* G. G. Registre 38.

— « L'an 1782, le 15 Mai, a été ondoyé à la maison, à cause du danger de mort au moment de la naissance, par le sieur Bouvier vieux, accoucheur juré, un enfant mâle né de Fidèle Leroy et de Henriette Bricout.... » (1).

Paroisse Ste-Croix.

— « L'an 1784, le 30 Octobre, a été ondoyé à la maison, à cause du prochain péril de mort, par le sieur Bouvier le jeune soussigné, chirurgien accoucheur juré de la ville de Cambray, après nous en avoir fait la déclaration, un enfant du sexe féminin du légitime mariage de Monsieur Auguste François Joseph Bouchelet, Ecuïer Seigneur de Neuville et autres lieux, Prévot royal et héréditaire des ville et cité et duché de Cambray et Madame Françoise Robertine d'Esclaïbes, née Comtesse d'Hust et du Saint Empire Romain. » (2).

Paroisse St-Georges.

— « L'an 1784, le 17 Août, a été ondoyé à la maison, à cause du danger de mort, par Marie-Jeanne Dupuis, sage-femme jurée du faubourt de St-Georges, un enfant du sexe féminin, né d'Auguste Hisorez et d'Emile Bruyère.... » (3).

Paroisse Ste-Croix.

On n'a sans doute pas oublié — nous en avons assez longuement parlé dans un chapitre consacré

---

(1) *Arch. Com.* G. G. Registre 38.
(2)   *Id.*   Registre 39.
(3)   *Id.*   Registre 38.

à ce sujet — que l'autorité communale de Cambrai avait établi des chirurgiens pensionnaires en vue de soigner gratuitement les malades pauvres ; elle institua pareillement des sages-femmes pensionnaires pour assister, dans les mêmes conditions charitables, les femmes pauvres pendant leurs couches.

« En temps d'épidémie, il y avait des sages-femmes spécialement désignées pour accoucher les femmes atteintes de la peste. Ces sages-femmes recevaient un vêtement et une baguette rouges, ce qui les fit appeler les sages-femmes rouges (1) », pour les distinguer des autres sages-femmes et pour prévenir les personnes indemnes de n'avoir pas à s'en servir ni à les approcher.

L'institution des sages-femmes pensionnaires ne paraît pas remonter à une date aussi ancienne que celle des chirurgiens-pensionnaires, du moins si nous nous en rapportons aux mentions qui en sont faites dans les registres de comptes. En effet, ce n'est qu'à partir du commencement du XVII° siècle que nous voyons des pensions accordées à des sages-femmes. La première inscrite est une appelée Adrienne Masnier, en 1617, pour une somme de 30 florins (2).

Viennent successivement après elle :

Marie Lesson,	1650-1659 —	30 florins
Maria Causin,	1659 —	id.

---

(1) Dr A. FAIDHERBE. *Les médecins des pauvres et la santé publique en Flandre*, fol. 25.

(2) *Arch. Com. C. C. Registre des comptes*, année 1617.

Jeanne Dupire,	1684-1700 —	50	florins
Marguerite Pollay,	1700-1724 —		id.
Jeanne Louise Mabire,	1713-1742 —	528	id.
Marie Jeanne Durieux,	1725 —	50	id.
Anna Copin,	1726-1733 —		id.
Jaqueline Gardou,	1726-1732 —		id.
Jeanne Thérèse Poitou,	1738-1742 —	80	id.
Agnès Lefranc,	1736-1750 —		id.
Suzanne Fontaine,	1741-1745 —	25	id.
Geneviève Dron,	1747-1748 —	200	id.
Marie-Anne-Joseph Hastier,	1741-1781 —	50	id.

De cette liste, il ressort assez clairement que le nombre de sages-femmes n'était pas toujours le même dans un temps donné : tantôt il n'y en avait qu'une, tandis qu'en d'autres moments, il s'en trouvait plusieurs. Si l'on prend la peine de réfléchir, on aura de suite l'explication de cette différence : elle tenait aux difficultés où l'on était souvent de recruter de bonnes sages-femmes et même de bons accoucheurs. Généralement en effet les personnes qui se livraient à la pratique des accouchements n'étaient guère à la hauteur de leur tâche, aussi arrivait-il maintes fois que les femmes en mal d'enfants, livrées à des mains maladroites, devenaient victimes d'accidents mortels.

Justement ému, le Magistrat, pour remédier à une telle impéritie et empêcher le retour de pareils malheurs, n'hésita pas à faire des démarches à Paris même, pour obtenir des sujets plus experts, c'est du moins ce que nous apprend le compte-rendu d'une délibération prise en pleine chambre le 29 Septembre 1713.

« Aiant esté jugé nécessaire pour le plus grand
bien de cette ville, de faire venir une sage-femme
de Paris, comme n'y en aïant aucune icy qui soit
capable de secourir les femmes dans leurs accouchemens difficiles et occurrences facheuses, d'où il
est arrivé bien des inconvéniens : Messieurs après
en avoir consulté Mgr l'Intendant et avoir obtenu
de luy l'autorisation nécessaire, sur les rapports
avantageux qui leur ont été faits de l'expérience et
capacité de dame Jeanne Louise Mabire, Epouse
du sieur Jean Pière, sage-femme maîtresse accoucheuse immatriculée au Châtelet (1) de la dite ville
de Paris, l'on fait inviter à se rendre à Cambray,
comme elle a fait, et l'ont en suite admise et receue
à l'éstat et employ de sage-femme maîtresse accoucheuse pensionnaire de cette ville, aux gages de
six cens livres, outre soixante livres pour son
logement, le tout monnoie de France par chacun
an, à commencer du 22 Septembre de la présente
année 1713, et de plus jouïra de l'exemption de toutes
sortes d'imposts, à la charge de secourir gratuitement les pauvres femmes dans leurs accouchemens
difficiles et occurrences facheuses, et d'en avoir
soin jusqu'à ce qu'elles et leurs fruits soient hors
de danger ; comme aussi de se contenter à l'égard
des autres femmes, pour qui elle pourra estre

---

(1) Le Châtelet était le siège de la justice prévôtale et
renfermait une prison importante. Ces attributions néces-
sitaient un nombreux personnel auquel étaient attachés un
médecin, un chirurgien et une sage-femme. Ce service
médical procurait à ses membres une certaine notoriété et
était toujours très recherché. Quand on avait dit : chirurgien
ou sage-femme du Châtelet, il ne restait plus qu'à s'incliner.

appellée, de la rétribution ou salaire que l'on a coutume de payer aux autres sages-femmes ou accoucheuses establies dans cette même ville. De tout quoy elle a fait et presté le serment requis.»(1).

Cette pièce curieuse nous prouve, et de la façon la plus évidente, combien, au commencement du XVIII⁵ siècle, l'instruction des sages-femmes laissait encore à désirer. Pour remédier à cette insuffisance et pour contribuer davantage au progrès d'un art si indispensable, le roi, par un arrêt du 13 août 1730, décida que les aspirantes à l'art des accouchements seraient dorénavant tenues de faire deux années d'apprentissage chez une maîtresse sage-femme de la ville, ou à défaut de ce stage, un service de deux années dans les hôpitaux.

Il leur fallait en outre présenter un certificat de religion catholique et de bonnes vie et mœurs, puis elles devaient être en mesure de subir un examen, durant trois heures, devant le lieutenant, le prévôt, le doyen et la sage-femme jurée ou la plus ancienne en maîtrise dans l'art des accouchements. Les droits de réception étaient fixés à 37 livres. Les femmes qui ne désiraient exercer que dans les villages étaient obligées de se faire recevoir par la communauté établie au chef-lieu de la justice où elles devaient s'établir. Elles n'étaient redevables que de dix livres, et même leur réception était gratuite si leur curé leur avait délivré un certificat de pauvreté.

(1) *Arch. Com.* G. G. 261.

Non seulement ces sages mesures offraient une
sérieuse garantie au public, mais elles étaient aussi
tout à l'avantage des chirurgiens et des sages-
femmes munis de leur diplôme, car dès lors ils se
trouvaient intéressés à ne pas tolérer d'intrusion
dans leur art, et même à poursuivre tout essai de
concurrence illégale. Ils n'eurent garde d'y
manquer comme le prouve la requête suivante :
elle nous donnera une idée très nette de la façon
dont les chirurgiens surent désormais se défendre.

— « A Messieurs M. du Magistrat de Cambray,
suplient humblement les lieutenant, corps et
communauté des maîtres chirurgiens de cette
ville, qu'ils ont apris avec étonnement qu'une
certaine femme qui se titre du nom de Madame
Laurent ait fait mettre un tableau à la porte,
signifiant qu'elle est sage-femme et accoucheuse,
et qu'elle exerce cette profession sans avoir fait
aucun aprentissage, sans être examinez et jugez
capable par les dits chirurgiens, et sans payer les
droits ordinaires suivant les règlements, pourquoy
les supliens ont recours à vous, Messieurs, afin
qu'il vous plaise faire déffences à la ditte Madame
Laurent d'exercer l'art d'accoucheuse, luy ordonner
d'oster le tableau quelle a fait mettre à sa porte, la
condamnant en l'amende et aux despens si mieux
elle n'aime se faire recevoir en la manière
ordinaire. » (1).

Une sage-femme d'un village voulait-elle s'établir
en ville, elle était obligée de passer à nouveau ses

(1) *Arch. Com.* G. G. 261.

examens devant les chirurgiens de cette ville,
ainsi qu'il ressort de la demande d'une sage-
femme de Crèvecœur qui désirait s'installer à
Cambrai.

« Messieurs du Magistrat de Cambray, suplie
très humblement Marie Angélique Joseph Lefranc,
femme de George Graux, demeurant en cette ville,
disant qu'elle a été reçue par le corps des
chirurgiens de cette ville pour faire les fonctions
de sage-femme au village de Crèvecœur et
circonvoisins, elle a paié à cet effet les droits
ordinaires, elle a exercé sa profession de façon
qu'il n'y a eu aucune plainte à sa charge pendant
le tems qu'elle a demeuré à Crèvecœur, elle joint
ici les certificats du curé et du chirurgien du lieu
qui attestent l'exposé cy-dessus ; comme l'occupa-
tion au village n'était point suffisante pour fournir
à ses besoins et à son fils, elle a pri le parti de
s'établir en ville, elle a prévenu le corps des
chirurgiens qui veulent bien l'admettre à faire les
fonctions de sage-femme en cette ville et ils
consentent de même qu'elle puisse faire mettre un
tableau à sa porte qui annonce sa profession, ils
lui accordent six mois pour paier les droits de
réception ; mais Lefebvre, lieutenant du corps,
est le seul qui s'oppose ; à ces causes la supliante
s'adresse à vous, Messieurs, pour que ce considéré,
il vous plaise après avoir entendu les chirurgiens,
lui permettre de faire les fonctions de sage-femme
en cette ville, et de mettre à cet effet un tableau à
sa porte, promettant de paier les droits ordinaires

et convenus, endedans le tems qu'il plaira à la chambre de l'arbitrer. » (1).

Voici maintenant les attestations du chirurgien et du curé de l'endroit :

« Je soubsignez confesse d'avoir examinée Marie Angélique Lefrancq, sage-femme de Crèvecœur, et lavoir veue travaillez à plusieurs femmes layant trouvée capable de exersser la charge de sage-femme.

MICHEL DOUCHEZ, chirurgien de Crèvecœur.

Faite à Crèvecœur, le 20 avril 1750. » (2).

« Le soussigné certifie que Marie Angélique le Francq demeure à Crèvecœur depuis cinq mois, quelle at accouchiez plusieurs femmes et que je n'aye point eu connaissance quelle ait manqué dans les dits accouchements.

Fait à Crèvecœur le 21 avril 1750.

C. COMMAN, prieur curé de Crèvecœur.

— PIERRE PHILIPPE LANTHIER, prévot. » (3).

Malgré ce double appui, le succès ne couronna point ces instances, en effet le Magistrat ne pouvait agir à l'encontre du lieutenant du corps des chirurgiens, aussi fut-il décidé en pleine chambre que la susdite Lefrancq aurait à passer ses examens devant les chirurgiens de Cambrai.

Le même cas se représenta plusieurs fois, mais

(1) *Arch. Com.* G. G. 261.
(2)   *Id.*
(3)   *Id.*

il serait fastidieux d'insister davantage, nos lecteurs étant suffisamment édifiés sur ce point.

En raison des nombreux avantages qu'elle offrait, la place de sage-femme pensionnaire était ardemment convoitée, et les sollicitations les plus pressantes étaient souvent adressées au Magistrat, comme l'atteste la pétition ci-dessous reproduite :

« A Messieurs M. du Magistrat de la ville et cité de Cambray,

Remontre très humblement Marie Suzanne Fontaine, sage-dame juré de cette ville, qu'à la mort de la demoiselle Poitou, elle a eut l'honneur de vous présenter un placet pour qu'il vous plairoit, Messieurs, luy accorder la pension de 50 florins que feue sa mère et ses ancêtres ont toujours eut, mais elle fut remise jusqu'au décès d'Anne Copin qui est arrivé le jour d'hier, pour quoy elle s'address à vous, Messieurs, pour qu'il vous plaise luy accorder la susdite pension de 50 florins eut égard que la plus part de ses travaux est fait chez des très pauvres gens dont elle ne reçoit pas un liard, ce qui est encor arrivé le jour d'hier en la rue Cantimpré.

Quoy faisant, la remontrante ne cessera de prier le Seigneur pour la conservation et la prospérité de Messieurs, et travaillera, comme elle a toujours fait jusqu'à présent, gratis pour les pauvres et n'en refusera aucun.

Marie Jeanne FONTAINE.

Mars 1733. » (1).

(1) *Arch. Com.* G. G. 261.

A cette demande était annexé ce certificat du chirurgien Raussin :

« Je soussigné certifie avoir veue une pauvre femme en travail d'enfant dans le quartier de Cantimpré que Marie Jeanne Fontaine sage-femme a accouché le 1ᵉʳ du présent mois.

Fait à Cambray le 4 de mars 1733.

RAUSSIN. » (1).

L'assentiment du Magistrat était requis, mais il ne suffisait pas, car la nomination dépendait surtout « du bon plaisir » de Monseigneur l'Intendant, comme le prouve un échange de lettres qu'il nous a paru curieux de reproduire :

« Cambray le 27 Janvier 1737,

Monseigneur,

La nommée Agnès Lefranc présentement reçue et établie dans cette ville en qualité de sage-femme, nous ayant présentée la requête cy-incluse aux fins d'obtenir la petite pension ordinaire de 25 florins annuellement, nous nous sommes déterminé, Monseigneur, à la lui accorder dautant plus volontiers que ses examinateurs nous ont raporté que la dite Lefranc, qui s'est fait instruire et qui a travaillé dans Paris, est très capable et au fait de sa profession. Nous avons tout lieu d'espérer par conséquent que ses services seront utils et agréables au public et que votre grandeur voudra bien aprouver ce que nous avons délibéré à cet égard sous son bon plaisir.

(1) *Arch. Com.* G. G. 201.

Nous avons l'honneur d'être avec notre profond respect,

Monseigneur,

Vos très humbles et très obéissants serviteurs.

Le Prévôt et Eschevins du Magistrat
de Cambray. » (1).

Voici la réponse de M. l'Intendant à cette missive :

« Messieurs,

J'ay approuvé la délibération cy-jointe que vous m'avez envoyé le 27 du mois dernier de donner 25 florins de pension annuelle à la nommée Agnès Lefranc sage-femme établie dans votre ville.

Je suis avec un sincère et parfait attachement

Messieurs,

Votre très humble et très obéissant serviteur.

DE FRANCQUEVILLE. » (2).

On exerçait donc un sérieux contrôle sur les connaissances acquises et l'on se montrait plus sévère pour la réception des sages-femmes ; c'était déjà un grand progrès ; était-ce suffisant ? Non, il fallait encore et surtout surveiller avec soin leur vie privée et leur façon d'agir dans la pratique de leur art. Chose navrante à constater, le nombre des avortements, des infanticides et des abandons d'enfants était autrefois très élevé et dans ces abominables pratiques on soupçonnait — et certes

(1) *Arch. Com.* G. G. 261.
(2)   *Id.*

ce n'était pas sans raisons — certaines sages-
femmes de coupables complaisances. Aussi,
voyons-nous le Magistrat de Cambrai, en 1746,
exiger des sages-femmes et des chirurgiens la
dénonciation des accouchements clandestins, et
cela sous les peines les plus sévères.

« Prévost, Eschevin et Magistrat de la ville,
cité et duché de Cambray,

Etant informé que les sages-dames et chirurgiens
de cette ville s'ingèrent d'accoucher préventive-
ment des filles, sans nous en faire leur rapport, ce
qui est contraire à la bonne police ; nous avons
ordonné et ordonnons à toutes les sages-dames et
chirurgiens de n'accoucher aucune fille sous tel
prétexte que ce puisse être sans s'être informée de
leur nom, profession et domicile, et leur avoir fait
prester le serment *in doloribus* (pendant les
douleurs de l'enfantement), dont les dits sages-
dames et chirurgiens nous feront leur rapport par
écrit signé d'eux contenant le jour et heure, le
nom de la fille, profession, domicile, sous affirmation, et la paroisse où l'enfant aura été baptisé
dans les vingt-quatre heures de l'accouchée ; le
tout à peine de 50 florins d'amende, d'interdiction
et même de punition corporelle, s'il y échet.

Fait en pleine chambre...... 1746. » (1).

Le réveil des études anatomiques et la publica-
tion de quelques livres sur l'obstétrique eurent un
heureux résultat ; ils furent cause en effet que des

(1) *Arch. Com.* H. H. 28, n° 3.

chirurgiens firent de cet art l'objet exclusif de leurs études et finirent par acquérir une réelle habileté.

Nous avons retrouvé le nom de l'un d'entre eux habitant notre cité ; il se nommait Bouvier, et parvint à une grande notoriété, à preuve la sollicitation d'une pension faite en sa faveur par le Magistrat à M. l'Intendant de Flandre.

« A Monseigneur de Seychelles, conseiller d'Estat, intendant de Flandre, à Lille.

Monseigneur,

Nous prenons la liberté de vous envoier une requeste avec douze certificats, y joints qui nous a été · présenté par le nommé Bouvier, maistre chirurgien juré en cette ville. Le besoin que nous avons d'une personne expérimentée pour les accouchements difficiles, l'authenticité de ses certificats, et la connaissance particulière que nous avons de sa capacité et charité pour les pauvres auxquels, depuis plusieurs années, il prète son ministère gratis dans les blessures et accidents qui leur sont arrivés, nous ont déterminé à luy accorder soubs vostre bon plaisir, une pension annuelle de cinquante écus, nous vous supplions de vouloir bien nous authoriser à cet effect. Et nous avons l'honneur d'estre avec un très profond respect, Monseigneur, vos très humbles et très obéissans serviteurs.

Les prévost, eschevins et magistrat de la ville de Cambray.

Cambray, le 1er avril 1754. » (1).

(1) *Arch. Com.* G. G. 261.

Voici la réponse de Mgr l'Intendant :

« A Lille, 30 may 1054,

Je vous renvoye, Messieurs, mon approbation de la pension que vous avés accordé au sieur Bouvier, chirurgien-accoucheur à Cambray.

Je suis, Messieurs, votre très humble et très obéissant serviteur.

SEYCHELLES. » (1).

Quoi qu'il en soit, ce n'est qu'à partir de l'établissement de cours réguliers d'accouchements dans notre province qu'on finit par avoir des chirurgiens accoucheurs et des sages-femmes faisant preuve d'une véritable science et d'une réelle habileté.

Si nous en croyons notre savant confrère, M. le docteur A. Faidherbe, de Roubaix, qui a publié de très intéressants mémoires sur la médecine dans l'ancienne Flandre, « le premier cours d'accouchements créé dans notre pays, fut établi à Lille en 1762, par le Magistrat : il comprenait deux séries de leçons, données dans une salle de l'hôtel-de-ville et réservées, la première aux garçons-chirurgiens, la seconde aux élèves sages-femmes. » (2).

Quelques années après, Cambrai suivit l'exemple de Lille : un registre de délibérations de la chambre de Cambrai nous apprend que le Magistrat, le

(1) *Arch. Com.* G. G. 261.
(2) Dr Alexandre FAIDHERBE. *Les accouchements en Flandre avant 1789*, fol. 8.

29 mai 1780, a accordé provisoirement la chambre
des archers au sieur Lapaire, chirurgien-major de
l'hôpital militaire de Cambrai, pour y établir un
cours d'accouchements (1).

Mais à partir de 1785, notre ville eut mieux que
cela : on y établit une école d'accouchements,
dont la direction fut confiée au sieur Bombled (2),
comme il appert de son brevet de professeur royal
à lui octroyé le 30 octobre 1785.

« Aujourd'hui trentième du mois d'octobre,
mil-sept-cent-quatre-vingt-cinq, le roi étant à
Fontainebleau, le sieur Andouillé, Conseiller
d'Etat, son premier chirurgien, a en exécution de
l'arrêt du conseil du 29 octobre 1784, portant
règlement pour le cours d'accouchements établi
par les états du Cambrésis, en faveur des sages-
femmes de cette province, présenté à sa Majesté
pour faire le dit cours le sieur Toussaint, François,
Joseph, Bombled, maître en chirurgie de Cambrai,
que les dits états ont choisi, et sa Majesté étant
informée que le dit sieur Bombled a toutes les
connaissances nécessaires pour bien enseigner
l'art important des accouchements, a agréé la dite
présentation.

En conséquence elle a nommé et nomme par le
présent brevet, le dit sieur Bombled pour faire

(1) *Arch. Com.* B. B. 4. Registre.
(2) Le chirurgien François Bombled est l'auteur d'un
catéchisme d'accouchements à l'usage des sages-femmes
du Cambrésis, imprimé chez Samuel Berthoud en 1788. Ce
catéchisme se trouve à la Bibliothèque Communale de
Cambrai, il est inscrit au Catalogue sous le n° 1260.

le dit cours d'accouchements en qualité de professeur royal, et ce pendant le temps et aux époques que les dits états jugeront à propos. Veut en conséquence sa Majesté que le dit sieur Bombled jouisse des mêmes honneurs, immunités et prérogatives que les autres professeurs royaux de chirurgie, et pour assurance de ce qui est en tout ce que dessus de sa volonté, elle m'a commandé d'expédier le présent brevet qu'elle a signé de sa main et fait contresigné par moi son conseiller d'état et de ses commandements et finances.

Louis (1).

Le Mis de Ségur. »

---

(1) *Arch. Com.* G. G. 246.

CHAPITRE IX

Les Chirurgiens militaires.

La chirurgie militaire est d'institution pour
ainsi dire moderne, et ne remonte guère au-delà
du XVIIIᵉ siècle. On ne trouve sous les anciens
rois de France, aucun vestige de chirurgie militaire ;
c'est que les rois avaient auprès d'eux leurs
physiciens ; les barons, de leur côté, se faisaient
accompagner de leurs clercs ou chapelains qui
possédaient quelques notions bien élémentaires
de l'art de guérir.

Plus tard, les riches et puissants seigneurs
emmenaient avec eux des mires, c'est-à-dire des
hommes qui étaient à la fois médecins et chirurgiens. Mais ces praticiens ne donnaient leurs
soins qu'à leurs maîtres, sans s'occuper des
soldats. Quand, par hasard, ils daignaient écouter
les plaintes et jeter un regard sur les blessures de
ces derniers, ce n'était que contre monnaie
sonnante. Même en ce cas, ils se contentaient de
laver leurs plaies et de les couvrir d'onguents, de
pratiquer l'hémostase avec le fer rouge. Quelque
malheureux avait-il un membre cassé, les mires
liaient ce membre et y appliquaient aussitôt un
emplâtre qu'ils assujettissaient tant bien que mal
avec du linge. Voilà à quoi se bornait leur intervention.

Pendant tout le Moyen Age, on ne s'occupa que

peu ou pas du tout des blessés : les armées de ce temps-là avaient à leur suite un nombre considérable de marchands, d'armuriers, de forgerons, de barbiers, lesquels s'ingéraient de faire de la médecine et de la chirurgie. Lorsque les troupes campaient, ils ouvraient boutique dans le voisinage ; au moment des batailles, ils se tenaient à une distance bien respectueuse et rendaient, dans la mesure de leur savoir, service aux blessés, mais il fallait les apporter jusqu'à eux : ils étaient trop couards pour aller là où ils tombaient. Et que faisaient ces médicastres ambulants? Ils débitaient des amulettes, des emplâtres, de l'eau d'arquebusade, des vulnéraires et... c'était tout (1).

Ce fut bien tard, sous Henri IV, que naquit pour ainsi dire la chirurgie militaire, et le plus grand praticien de l'époque fut sans contredit Ambroise Paré, que nous avons déjà nommé, en signalant les chirurgiens les plus illustres.

Sous Louis XIII, la chirurgie militaire commença à s'organiser. On créa un chirurgien-major dans chaque régiment, et l'on établit des hôpitaux et des ambulances que dirigeait un chirurgien en chef.

Au siècle suivant, les guerres, que Louis XIV eut à soutenir, nécessitèrent l'établissement d'un grand nombre d'hôpitaux militaires et d'ambulances. Sous ce règne, l'organisation du service de

(1) Docteur L. Thomas, Bibliothécaire à la Faculté de Médecine de Paris. *Lectures sur l'histoire de la Médecine :* La chirurgie militaire au XVe et XVIe siècle, page 20.

santé militaire se développa et se perfectionna sensiblement.

Des chirurgiens-majors et des aides-majors furent attachés à chaque régiment, et on augmenta le nombre de chirurgiens de tous grades, pour les affecter aux ambulances (1).

Les chirurgiens-majors étaient assujettis à certaines obligations quant au service dans les hôpitaux militaires. — (Règlements du 20 Avril 1717, du 22 Novembre 1728, et du 1er Janvier 1747). — Voici les principales :

Le chirurgien-major était le chef de tous les autres chirurgiens, des aides-majors et des garçons chirurgiens de l'hôpital. Ceux-ci étaient tenus de lui obéir, comme à leur supérieur, en tout ce qui concernait l'art et le service de la chirurgie.

Il n'était pas permis au chirurgien-major de prendre pour garçon un apprenti, dans la vue de lui faire faire un apprentissage, ni de le recevoir par recommandation.

Les garçons étaient obligés de coucher à l'hôpital, pour y exercer la surveillance pendant la nuit.

Le chirurgien-major devait faire, tous les jours, la visite et le pansement, et avertir le médecin de se trouver présent à toutes les grandes opérations, afin de se concerter sur les remèdes convenables ; il devait également être accompagné d'un garçon chirurgien et d'un apothicaire, pour écrire ses

---

(1) FOURNIER, *Dict. des sciences médicales*, *1813*, tome 3, page 93.

ordonnances, et d'un infirmier de garde pour
recevoir ses ordres ; il devait encore goûter les
bouillons et les autres aliments prescrits aux
malades.

Tous les appareils pour le pansement devaient
être prêts d'avance, et il était recommandé de
faire brûler des baies de genévrier, ou d'autres
parfums, avant et pendant le pansement.

Le plus ancien aide-major représentait le
chirurgien-major, quand ce dernier était absent.

Les chirurgiens-majors des hôpitaux et des
régiments n'étaient pas des chirurgiens quelconques : on les choisissait parmi les praticiens les
plus instruits du royaume ; aussi, ayant presque
tous une grande valeur, étaient-ils fort recherchés,
et c'était de préférence à ceux qui résidaient dans
les grandes villes, que l'on confiait le soin de faire
des cours aux étudiants et aux autres chirurgiens.

Nous avons déjà cité le nom de Raussin, désigné
pour faire un cours de chirurgie pratique, et le
sieur Lapaire, pour un cours d'accouchements.
A ces noms, nous devons joindre celui d'un
nommé Blary, chirurgien-major, qui fut chargé, —
conformément à l'ordonnance de Mgr l'Intendant,
du 10 juin 1719, — « de faire tous les ans — à
Cambrai — un cours d'anatomie affin de perfectionner les chirurgiens dans leur art. » Une somme
de 40 florins lui fut attribuée (1).

Un document nous donne une complète idée de

(1) *Arch. Com.* G. G. 246.

la considération dont jouissaient certains médecins
ou chirurgiens-majors, c'est la recommandation
faite pour l'un d'entre eux par l'Intendant de
Flandre, dans une lettre qu'il adressait, le 5
Novembre 1709, au Magistrat de Cambrai.

« Le sieur Brisseau, médecin-major de la ville
de Tournay, qui y a toujours fait sa résidence
jusque au jour de la reddition de la dite ville,
ayant donné des marques de sa capacité, de son
zèle et de son attention dans les hôpitaux pour le
soulagement des malades, a bien voulu se rendre
à la prière que je luy ay faite de venir s'établir
dans mon département. Il a choisy Cambray pour
sa résidence, ce qui fera un grand bien dans
nostre ville pour les malades, et soulager beaucoup
M. Bourdon, sans que cela luy fasse aucun tort,
puisqu'ils auront soin d'un hospital chacun. Le
dit sieur Boisseau recevait de la ville de Tournay
cent écus, tous les ans pour son logement, il
jouissait de l'exemption des droits sur les boissons
et autres deus à la ville, ainsy je vous prie de luy
accorder les mêmes avantages, ce que vous ferés
d'autant plus volontiers qu'il a toujours esté
employé par ordre de la cour, et qu'on en fait
beaucoup de cas, ne luy refusés pas vos bons
offices dans les occasions, je vous en seray bien
obligé...

Maubeuge, 5 Novembre 1709.

DE BERNIÈRES,

Intendant de Flandre, domicilié à Lille. » (1).

(1) *Arch. Com.* H. H. 28.

Nous n'étonnerons sans doute pas nos lecteurs, en leur apprenant que les chirurgiens-majors ne se contentaient pas de soigner les militaires, mais qu'ils donnaient également leurs soins à la clientèle civile. Toutefois, pour ne pas exciter la jalousie des maîtres-chirurgiens de la ville, et, plus encore peut-être, pour ne pas être inquiétés dans l'exercice de leur profession, quand ils devaient séjourner un certain temps dans l'endroit, ils sollicitaient prudemment l'agrégation à la communauté de ces maîtres-chirurgiens. C'est du moins ce que semble confirmer cette lettre de demande émanant d'un chirurgien-major.

« Messieurs, M. du Magistrat de la ville de Cambray,

Supplie très humblement le sieur Claude Burard, chirurgien-major de l'hôpital militaire de Cambray, disant que désirant se faire agréger à la communauté des maîtres en chirurgie de cette ville, il auroit obtenu d'eux de répondre ce jourdhuy, deux heures de relevée, à l'examen d'usage en pareil cas, qui doit avoir lieu à l'hôtel de ville ; sujet qu'il a l'honneur de s'adresser à votre autorité, Messieurs, ce considéré, il vous plaise de nommer sieurs échevins commissaires, pour être présent au dit examen.

Implorant BURARD.

29 Juillet 1764. »

Le Magistrat fit à cette requête un accueil favorable, si nous nous en rapportons à la note ci-jointe écrite en marge de la présente requête :

« Messieurs Clawor et Liécourt, échevins,
commissaires nommés en cette partie ont préfigé
jour à l'effet requis à demain 30 courant, 2 heures
de relevée. » (1).

Les chirurgiens-majors jouissaient donc de
grands avantages, auxquels s'ajoutait celui d'être
logés gratuitement comme tous les autres militaires.
On sait en effet, que pour subvenir à ces frais de
logement, le roi Louis XIII avait, le 23 mars 1634,
établi l'impôt du vingtième denier sur les louages
de toutes les maisons ; aussi trouvons-nous dans
les registres de comptes, à partir de l'époque où
Cambrai devint ville Française, une somme attribuée à chaque chirurgien-major et aux aides-majors
pour indemnité de logements.

(1) *Arch. Com.* H. H. 28, no 13.

Pl. III.

CHAPITRE X

L'exercice illégal de la Chirurgie.

A chacun son métier ! dit avec infiniment de
raison un adage populaire, attestant ainsi qu'il en
faut laisser l'exercice à ceux qui le savent pour
l'avoir appris. Cela est vrai de tous les métiers,
mais surtout de celui de médecin ou de chirurgien ;
et cependant, par une aberration vraiment étrange,
il n'en est pas dont les fonctions furent et soient
encore autant usurpées.

La chirurgie n'était donc pas seulement exercée
par ceux qui en avaient qualité, mais encore par
un grand nombre d'individus, non diplômés et
dépourvus de toute espèce de connaissances
concernant cet art important.

A côté de religieux et de religieuses, de prêtres
et de femmes pieuses, de différents personnages
d'une irréprochable honnêteté et qui, sous la vive
impulsion de la charité s'improvisant médecins
ou chirurgiens, offraient généreusement leurs
conseils et leurs soins aux malades, que de charlatans, que d'empiriques, que d'abuseurs de toute
sorte, si l'on peut s'exprimer ainsi, inondaient les
villes et les campagnes de leurs séduisantes récla-
mes, semant partout les plus mirifiques promesses.

La plupart de ces pseudo-chirurgiens cultivaient
une spécialité, et ils foisonnaient à tel point qu'il
y en avait, pour ainsi dire, autant que de maladies.

Chose curieuse et que, nous en sommes sûr, on nous saura gré de signaler : les pratiques chirurgicales de ces spécialistes ont plus d'une fois inspiré les peintres de l'école Flamande et de l'école Hollandaise, et pas les moins distingués ; et ainsi, grâce aux Teniers, aux Brauwer, aux Van Ostade, aux Cornélius Dusart, aux Van Honsthorst, — (de l'école Flamande), — aux Pieter Jansz Quast, aux Jean Lingelbach, aux Jean Steen, aux Gérard Dow, aux Van Der Neer, aux Quiringk, aux Brekelenkamp, — (de l'école Hollandaise), — pour ne citer que les plus fameux ; grâce à leur pinceau sinon génial, du moins remarquablement talentueux, nous pouvons avoir une idée, et une idée frappante, saisissante même, du savoir-faire des différents opérateurs qu'ils font passer devant nos yeux, parfois avec une façon tout-à-fait désopilante. Qu'on nous permette de donner pour exemple un tableau de Jean Steen, conservé au musée Boijmans à Rotterdam. Il est intitulé « Les Pierres de Tête », et représente une opération que le Docteur Paul Richer nous décrit avec beaucoup d'humour dans son magnifique ouvrage « L'Art et la Médecine » :

« Assis sur un fauteuil au dossier duquel ses bras sont attachés, le patient poussé en avant par l'action du chirurgien, qui, bésicles sur le nez, lui incise, avec un long bistouri, la région mastoïdienne, pousse des cris lamentables sans toutefois apitoyer l'assistance. Cependant, l'opération est vraiment douloureuse, et l'incision pratiquée derrière l'oreille n'est point une feinte. Quel en est

donc le but. Ce n'est point une saignée. Car, dans
le grand bassin d'étain que tient, tout à portée, la
vieille commère, ce n'est point le sang qui s'accu-
mule, mais une quantité de corps étrangers, de
véritables pierres que l'habile homme extrait de la
tête du malheureux. C'est évidemment une maladie
bien terrible qui a transformé son cerveau en une
véritable carrière ; déjà un semblable bassin a été
rempli ; il est à terre, aux pieds de l'infortuné, et
ce n'est certainement pas encore fini ; des pierres,
il y en a toujours. Et Jean Steen ne nous cache
pas leur véritable provenance. Le jeune garçon,
au lieu de faire chauffer son emplâtre, se tient
derrière l'opérateur, un panier au bois rempli de
cailloux, et dans lequel il puise le prétendu corps
de délit — non sans s'esclaffer de rire — pour le
faire passer subrepticement aux mains du chirurgien. Celui-ci serait bien malhabile s'il ne trouvait
le moyen d'en simuler l'extraction douloureuse, et
de le faire tomber dans le bassin sous les yeux du
patient terrifié et affolé par la douleur. Opération
chirurgicale qui n'est en somme qu'une jonglerie,
dont le côté plaisant est accentué par le franc rire
d'un spectateur placé derrière le groupe principal
et de toute une foule qui contemple la scène par
la fenêtre ouverte. » (1).

On conviendra que l'appareil dont s'entoure
l'opération, est bien fait pour frapper l'imagination.

D'autres tableaux, d'aspect non moins piquant,

___

(1) Docteur Paul RICHER. *L'art et la Médecine*, page 449,
Paris, Gaultier, Magnier et Cie.
— La planche no 3 nous représente cette curieuse scène.

représentent également des chirurgiens en train de
retirer des pierres soit du milieu du front, soit
d'un autre endroit de la tête. Ce genre d'opération
était donc d'une indéniable fréquence, comme le
fait observer le Docteur Paul Richer. « En effet,
n'est-ce pas sous l'image de pierres que bon
nombre d'aliénés lucides, de névropathes, de
déséquilibrés, dépeignent les douleurs ou les
sensations étranges qu'ils éprouvent dans la tête ?
C'était donc chose bien aisée d'abuser de la
crédulité de ces malheureux en proposant de leur
extraire le malencontreux caillou et d'assurer
ainsi leur guérison, mais des charlatans, de peu
scrupuleux médicastres ont dû voir là un moyen
facile de lucre et ne l'ont certainement pas
négligé. » (1).

Le public qui, sur ce point surtout, s'est
toujours montré si facile à duper, se pâmait
d'admiration pour tous ces empiriques aussi
téméraires qu'audacieux.

C'est un fait d'expérience quotidienne, qu'en
médecine, il en est et il en sera toujours ainsi,
plus on promet de succès mirobolants, surtout
quand on possède à cet effet des moyens extrava-
gants, plus la foule sottement naïve se passionne,
et plus elle court ou plutôt se précipite vers celui
qui l'enchante, assiégeant au besoin sa demeure
devant laquelle elle fait queue.

La raison foncière de cet empressement n'est

---

(1) Dr Paul RICHER. *L'art et la Médecine*, page 453.

pas difficile à trouver, c'est que tout le monde
tient à la vie, et l'être qui souffre ne peut admettre
ni même concevoir qu'il se présente des cas où
toute intervention devient radicalement impuis-
sante. Comment alors ne pas s'abandonner à celui
qui, d'un ton dogmatique, dénotant par l'énergie
de ses affirmations la plus intime conviction,
vient annoncer la guérison à tous les maux, au
moyen d'un secret merveilleux qu'il tient de sa
famille, quand il ne provenait pas déjà d'une
révélation divine.

Voulez-vous en avoir la conviction, ouvrez les
yeux et voyez ce qui se passait, et ce qui se passe
encore de nos jours, surtout dans certaines
campagnes.

Quelqu'un avait-il un membre cassé ou démis ;
vite il courait chez le rebouteur ou renoueur.
Celui-ci, avec l'imperturbable assurance d'un
individu pleinement convaincu de son habileté,
s'emparait du membre malade, et avec toute la
vigueur de ses larges mains, le pressurait,
l'étreignait et le tiraillait au point de faire craquer
les os, de déchirer les tendons et les muscles, sans
s'émouvoir des gémissements et des cris du
patient. Après quoi, le membre du patient était
entouré d'une épaisse couche d'étoupe imbibée de
blancs d'œufs et de térébenthine, et quand il
l'avait bien et duement ficelée, l'opérateur
renvoyait le pauvre martyr avec la plus expresse
défense de toucher au pansement avant plusieurs,
non pas jours, mais semaines. Le résultat ? Il ne
faut être grand clerc pour le deviner : c'était trop

souvent hélas ! une affreuse difformité avec
impuissance du membre, le tout impossible à
corriger ; encore fallait-il s'estimer heureux, quand
une gangrène profonde ne s'était pas déclarée par
suite de l'excessive compression.

On en a vu parfois entrer chez le rebouteur avec
une simple entorse, et en sortir avec une luxation.

Vous vous imaginez peut-être qu'en ce cas le
patient était furieux, exaspéré contre son bourreau !
Erreur profonde : telle était sa confiance aveugle,
qu'au lieu de voir là les effets de l'ignorance et de
la cruauté de l'opérateur, il mettait bénévolement,
pour ne pas dire niaisement, son infirmité sur le
compte, soit d'un épanchement de mauvais sang,
soit de mouvements intempestifs pendant le
sommeil, soit même — et ce n'était pas le cas le
plus rare — d'un mauvais sort.

En avance sur leur temps, les rebouteurs,
renoueurs, pocheurs, se montraient fort amis de la
réclame : on en jugera par l'annonce de l'un d'eux
que nous avons eu la bonne fortune de retrouver ;
elle vaut, nous semble-t-il, la peine d'être citée :

« Aux habitants de Cambrai,

Pour le bien du public et de tout le peuple du
district, le sieur Alavoine, ostéologiste pensionné,
appellé vulgairement Pocheur de Bapaume, se
rend en cette ville les seconds lundi et les derniers
vendredi de chaque mois, pour y traiter toutes
les maladies des os, telles que luxations et
fractures ; ses succès heureux et continuels dans
toutes les cures qu'il a entreprises, doivent

persuader ceux qui s'adressent à lui, qu'ils en recevront la plus grande satisfaction. On avertit que les pauvres devront avoir soin de se munir d'un certificat de leur curé qui constate leur pauvreté, afin qu'il puisse exercer sa générosité à leur égard. Il donne ses secours aux malades, depuis huit heures du matin jusqu'à trois heures après midi.

Il loge à l'hôtel de Bourbon, rue des Rôtisseurs. » (1).

Comment résister, n'est-il pas vrai, à des déclarations et promesses aussi alléchantes.

Quoi qu'il en soit, les blessés qui préféraient une méthode plus douce que celle employée par les rebouteurs n'avaient qu'à s'adresser au toucheur ou souffleur. Celui-ci, loin de torturer ses malades et de leur arracher des cris de douleur, se contentait d'exécuter des passes ou de souffler sur le mal, faisait ensuite plusieurs signes de croix et prononçait des paroles magiques connues de lui seul, puis il renvoyait le client en lui donnant l'assurance la plus formelle, la plus catégorique de sa guérison, dans un délai plus ou moins rapproché. Dans le cas où le miracle ne s'accomplissait pas — et ce cas était assez fréquent — notre toucheur, sans se troubler le moins du monde, rejetait son insuccès sur le manque de foi du malade.

(1) *Bib. Com. de Cambrai. Almanach du district de Cambrai*, année 1791, page 62.

Une autre catégorie de spécialistes des plus
aptes à disputer aux rebouteurs la vogue dont ils
jouissaient, c'était les herniers ou herniotomistes,
autrement dits : « les inciseurs de gens desrompuz
ou trancheurs de la descente des boïaux. » Ces
fameux opérateurs se chargeaient de la cure des
hernies ; et pour la réaliser, il paraît qu'ils n'y
allaient pas non plus de main morte, car leur
procédé favori consistait, oserons-nous le dire, dans
l'emploi de la...castration. Un grand nombre de
charlatans n'avaient point honte de prôner l'emploi
de cette méthode radicale pour débarrasser, non
seulement de la hernie, ceux qui en étaient
porteurs, mais encore pour préserver de plusieurs
autres maladies : de la goutte, de la lèpre, de la
ladrerie, de l'aliénation mentale, et même de la
mort subite, l'auriez-vous jamais pensé, honnête
lecteur ! Après une telle mutilation, c'était bien le
minimum en fait de consolation que d'être préservé
de quelque chose !

S'il faut en croire Franklin, l'abus de la castration
alla même si loin « que la société royale s'en émut.
En 1776, elle nomma des commissaires chargés de
faire une enquête sur ces odieuses mutilations et
d'aviser d'y mettre un terme. » (1).

Nous avons maintenant à vous présenter une
autre espèce de pseudo-chirurgiens : les inciseurs
ou lithotomistes — opérateurs de la taille — qui
tous prétendaient avoir le précieux monopole d'un

(1) Alfred FRANKLIN. La vie privée d'autrefois. Variétés
chirurgicales, page 202.

procédé secret. Toutefois leur opération n'exigeait pas une merveilleuse dextérité, puisqu'elle se bornait tout simplement à pratiquer une légère incision à la région périnéale et à faire semblant d'en retirer une pierre adroitement cachée sous la manche.

N'oublions pas — ce serait une impardonnable omission — Messieurs les « enracheurs de dents ».

Ils ne différaient guère de ceux qui paradent encore aujourd'hui sur les places publiques, les jours de foire ou de grand marché. Qui n'a pas entendu leurs boniments ? Monté sur de modestes tréteaux, ou debout sur un char étincelant, escorté par une fanfare tintamaresque, l'arracheur de dents se complaît à étaler des chapelets d'incisives et de molaires et débite — sous quels titres pompeux, nul ne l'ignore — toutes les ressources de son talent : c'est sans douleurs, clame-t-il d'une voix d'airain, qu'il extrait les dents les plus tenaces, et comme il opère gratuitement en présence de la foule, circonstance dont l'importance n'a pas besoin d'être soulignée, il se trouve toujours « dans l'honorable assemblée » quelque badaud, décidé à se faire débarrasser la mâchoire d'un morceau d'os qui le fait souffrir. Vous voyez la scène, n'est-ce pas : un énergique roulement de tambour, ou des coups redoublés de grosse caisse étouffent les cris du patient, puis l'habile opérateur s'empresse de montrer comme un trophée, au public ébahi, le fameux ver qui rongeait la dent, en même temps qu'il présente un précieux élixir qui a la propriété de détruire ce maudit petit animal.

Et la foule alors, hypnotisée par la vue du flacon,
de se précipiter pour se procurer de ce merveilleux
remède, à la grande satisfaction, cela va sans
dire, du dentiste qui s'époumone — non en vain
heureusement pour lui, — à crier sa marchandise.

Ce n'est pas tout ! il y avait encore les chirurgiens ambulants qui s'occupaient d'oculistique.
Généralement ils se bornaient à appliquer certaines
eaux — dites merveilleuses — et certaines pommades de leur invention. Grands Dieux ! Quelles
eaux et quelles pommades ! On en jugera par
quelques échantillons des plus suggestifs ! !

Contre le larmoiement, il était prescrit de mettre
dans l'œil un mélange de rue, de miel et de fiel
de.... chèvre.

Contre la vue trouble, vulgairement appelée la
bleusse vue, la berlue ou berlurette, il suffisait de
faire goutter dans l'œil un mélange de fenouil, de
rue, de miel et de fiel de piette.

Les gens qui avaient le désagrément d'être
affligés d'yeux chassieux devaient appliquer sur
les paupières un mélange de cire, de gingembre et
de fiel d'anguille.

Pas n'est besoin, n'est-ce pas, de mentionner
l'usage de la salive, de l'urine, du lait de femme,
non pas de la première venue, mais d'une femme
qui nourrit un enfant mâle, de la fiente de poule
noire ou de colombe blanche, des excréments
et du fiel de différents animaux ; c'étaient des
remèdes courants et, l'auriez-vous cru, d'une
efficacité à nulle autre pareille ! C'est égal, si avec

cela le malade n'arrivait pas à perdre plus ou
moins complètement la vue, c'est qu'il possédait
des yeux doués d'une résistance à toute épreuve.

Nous n'en finirions pas si nous voulions insister
et donner des détails sur chaque branche cultivée
par tous les guérisseurs ; contentons-nous de citer,
à côté de ceux que nous avons eu l'agrément de
vous présenter : les pédicures, les vendeurs de
remèdes secrets, les marchands de parfums, les
triacleurs(1),les drameurs,les tondeurs d'animaux,
les astrologues, les urologues, les sorciers et les
sorcières, les somnambules, les alchimistes ;
quelle légion ! Et notez bien que nous en oublions.

Au milieu de tout ce déluge de charlatans, que
faisaient donc nos pauvres aïeux, les chirurgiens ?
Mon Dieu, ils n'en menaient pas large, comme on
dit, et ils se défendaient avec une vaillance qui
mérite pour le moins une mention.

Nous avons eu l'avantage de retrouver quelques-
unes de leurs doléances présentées au Magistrat,
et il nous a été agréable de constater que ce
dernier leur donnait parfois gain de cause, comme
le prouve, parmi bien d'autres, la condamnation
d'un nommé Flinois qui exerçait sans mandat,
la chirurgie conjointement avec la barberie ; ce
qui, soit dit entre parenthèse, nous confirme
à nouveau que ces deux branches se rattachaient
sûrement.

(1) Marchands de thériaque.

« Sur la plaincte faicte verballement en plaine chambre par les maïeurs du corps de mestier des maistres-chirurgiens que Maximilien Flinois, jeune-homme à marier, nonobstant la déffense à luy dernièrement faicte encor en plaine chambre de s'abstenir de barbierre en sa bouticque et exercer ladite arte de chirurgie, continu encor à barbier journellement un chacun en sa dite bouticque, et ouy sur ce le dit Flinois en ses deffenses, Messeigneurs ont condamné et condamnent par ceste le dit Flinois en l'amende de douze livres pour cette fois, ordonnants que la dite amende de douze livres demeurera pour l'advenir indicté contre ceux qui contreviendront au sus dit dernier règlement des dits maistres chirurgiens en ou que les dits maïeurs viendront à descouvrir quelqu'un quy n'auroit passé maistre, panderoit des bachins à sa porte ou aux fenestres de sa bouticques, mes dits seigneurs leur ordonnent d'en venir faire lever à leur ordre par quelque sergeants ou aultres officiers de justice conjoinctement avecq lesdits maïeurs.

Faict en plaine chambre,

Tesmoin : LOBRY. 1669. » (1).

Ce document a de l'importance et même plus qu'on ne le penserait de prime abord ; on y trouve en effet un antécédent dont les chirurgiens ne manquèrent pas de se prévaloir en maintes

---

(1) *Arch. Com.* H. H. 10. Police n° 1. Règlemens des corps de métiers de Cambray, fol. 133 verso et 134 recto.

circonstances. Aussi voyons-nous — pour nous
limiter à ce second exemple — les chirurgiens de
Cambrai faire de rechef appel au Magistrat contre
un sieur Michel associé à un individu complètement
inconnu et qui se mêlaient — quelle audace ! —
de « pendre bachin dans son bouticq allendroit de
ses fenestres et vitres, que touts les passants les
pœuvent recognoistre en passant où ils sy arestent
ou pœuvent arrester sur leur croyance que les dits
Michel ou associé susnommés sont admis à la
maistrisse de chirurgie... » (1).

Il ne faudrait pourtant pas conclure de ce qui
précède que le Magistrat était toujours disposé à
prêter une oreille favorable aux réclamations des
chirurgiens de la ville ; c'est tout le contraire qui
trop souvent avait lieu, quand les intérêts des
habitants en général semblaient le commander.

Assez fréquemment, en effet, les échevins de
notre ville — suivant un usage qui tendait à se
généraliser, — octroyaient, sans se faire trop prier,
le droit de cité avec l'autorisation d'exercer la
chirurgie à certains spécialistes, bien qu'ils fussent
dépourvus de diplôme, témoin plusieurs décisions
du Magistrat prises dans ce sens ; qu'il nous soit
permis d'en choisir quelques-unes à titre docu-
mentaire.

Le 4 Novembre 1733, les chirurgiens de Cambrai
envoyaient la requête suivante au Magistrat, au
sujet de deux personnes — deux demoiselles s'il

_____

(1) *Arch. Com.* H. H. 28, n° 51.

vous plaît — qui se mêlaient de faire de la
chirurgie :

« A Messieurs M. du Magistrat de Cambray,

Remontrent très humblement les lieutenant,
prévot, corps et communauté des chirurgiens établis
en cette ville, que les demoiselles Bleuses y demeu-
rantes ne laissent point d'exercer plusieurs parties
de la chirurgie, quoiqu'elles aient été signifiées de
l'extrait des statuts et règlement pour les chirurgiens joint, ainsi qu'il conste de l'exploit de
l'huissier Lemoine mis au bas du dit extrait, en
date du 29 Avril dernier. Cette contravention aux
ordonnances aux règlemens de sa majesté mérite
toute l'attention de la chambre et est digne de
l'amende de cinq-cent livres comminée par les
statuts, qui ne doivent point être le jouet des
particuliers, à ces causes les remontrans se retirent
par devers vous, Messieurs, pour que, ce considéré,
il vous plaise condamner les dites demoiselles
Bleuses en l'amende de cinq cent livres, aux
intérêts et dépens, leur faisant deffenses d'exercer
à l'advenir aucunes fonctions concernantes la
chirurgie, à peine d'encourir une amende plus
forte.

Ce faisant.....

                    DE VUARLICOURT-BRUNEAU. » (1).

Ainsi que nous l'avons donné à entendre, la
délibération du Magistrat ne fut point prise en

(1) *Arch. Com.* H. H. 28, nᵒ 29.

vue de plaire aux chirurgiens ; écoutez plutôt sa réponse :

« Veue la présente requestre et ouy damoiselle Catherine Bleuse, laquelle a dit et représenté que tout le remède dont elle se sert charitablement ne consiste que dans un onguent avec lequel elle a guérit nombre de personnes abandonnées par les chirurgiens de cette ville qu'ils avoient entrepris de les guérir, suivant qu'elle a justifié par différents certificats, représente que de tout temps il a été permis aux particuliers, qui avoient des secrets et remèdes particuliers tendant au bien public, d'en user surtout lorsque, comme au cas présent, cela se fait gratis et par un motif de charité, que la chose est même authorisée par les arrêts du Parlement de Flandres, qu'enfin l'expérience connue de tout Cambray, prouvoit la bonté de son remède, sans lequel ou auroit coupé des bras et des jambes, qu'ainsy de tout façon le corps des chirurgiens avoit tort de se plaindre dans le cas particulier.

Ouy aussi les supplians, lesquels ont dit de persister dans les fins et conclusions de leur requête, tout considéré, Messieurs du Magistrat ont permis et permettent à la ditte damoiselle Bleuse de continuer d'user de son remède particulier et de s'y borner sans en rien entreprendre sur la chirurgie.

Fait en pleine chambre, le 12 Novembre 1733.

Témoin : DECHIÈVRE. » (1).

(1) *Arch. Com.* H. H. 28, nᵒ 30.

Dans une autre requête, il s'agissait d'un dentiste qui, en vertu de nous ne savons quel charme magique, attirait tous les clients des chirurgiens de la ville.

« A Messieurs M. du Magistrat de Cambray,

Remontrent très humblement la communauté des chirurgiens jurés de cette ville, qu'ils ne sont pas peu surpris d'aprendre que le nommé Cirez, dentiste, domicilié à Douay, soit actuellement en cette ville et y exerce sa profession, en allant dans les principales maisons, caffés, auberges et autres endroits publics, offrir à un chacun les services de son art et la vente de ses opiats, racines ; et ce n'est point la première fois qu'il y vient : il n'est point stable à Douay deux mois de l'année, on le voit toujours dans les villes circonvoisines augmenter le nombre des charlatans dont elles sont remplies comme celle-ci, ce qui importe peu aux remontrans quant au dehors ; mais pour icy, où le dit Cirez fait un tort notoire et préjudicie beaucoup à leurs intérest, ils ne peuvent point dissimuler plus longtemps la peine qu'ils en ressentent. En effet, doit-il être permis à des étrangers de venir exercer la même profession des remontrans, et à leurs yeux, eux à qui il a coûté beaucoup d'argent pour être admis à maîtrise, et qui sont par eux-mêmes capables pour la pluspart d'aporter les remèdes nécessaires pour les accidens de la bouche, aussi bien le sans contredit, mieux que le dit Cirez qui n'est au fond autre choses qu'un charlatan accompli, qui, comme tous ceux de son espèce, trompent le public fort grossièrement et ont l'art de le séduire par l'exagération des cures prétendues qu'ils disent avoir fait de part et d'autre ; à ces causes, voulant les remontrans faire remédier à des abus qui leurs sont des plus dommageables, ils ont recours à vous, Messieurs, afin qu'il vous plaise leur permettre de faire évocquer à l'heure même, par devant vous, le dit Cirez logé au lion d'or, pour après l'avoir ouï sur le contenu en la présente requête, le condamner à évacuer la ville sur le champ, avec deffenses d'y reparaître à l'avenir pour y exercer sa dite profession conformément aux ordonnances du roy, que les remontrant emprennent de produire, si contre toute attente, le dit Cirez alléguoit quelques raisons frivoles.

Quoi faisant....   Hoyez. » (1).

Cette fois encore les chirurgiens n'eurent pas plus de succès ; en effet le Magistrat, après avoir pris connaissance de la cause et avoir entendu le dit Cirez, considérant que ce dernier exerçait uniquement la profession de dentiste et qu'il l'avait toujours exercée à la satisfaction du public, déclara que les remontrants étaient non recevables dans les fins et conclusions de leur requête, et qu'en conséquence le sieur Cirez pouvait continuer d'exercer sa profession «de la manière accoutumée» — 7 décembre 1764 (2).

Il n'était pas jusqu'aux marchands d'emplâtres!!! qui n'obtinssent, de ci de là, la haute protection

(1) *Arch. Com.* H. H. 28, nº 16.
(2)   *Id.*

du Magistrat, comme semblent l'attester les conclusions d'un procès contre un certain Lossignol que les chirurgiens avaient essayé de poursuivre :

« Du 6 novembre 1772,

En la cause des lieutenant, prévost et autres membres composant la communauté des maîtres chirurgiens de la ville de Cambray, demandeurs, par requette répondue le premier juin dernier, contre le sieur Lossignol demeurant en cette ditte ville, deffendeur à faire droit.

Vu le procès, les conclusions du sieur Lallier, eschevin, faisant les fonctions de prévost pour l'absence du titulaire, tout considéré, Messieurs du Magistrat faisant droit, et considérant qu'il est de notoriété que l'usage de l'emplastre, dont le déffendeur possède le secret, a opéré les meilleurs effets en cette ville, qu'il est de l'avantage publicq de n'en pas interdire l'usage et l'application, ont autorisé et autorisent le dit deffendeur de se borner à la simple application de cette emplastre en cette ville et dans la banlieue, donnent acte aux demandeurs des déclarations faittes au procès par le deffendeur ne vouloir pratiquer aucune partie de l'art de chirurgie, ny de se servir des instrumens et appareils destinés à cet effet, et suivant ce, mettent les parties hors de cours et de procès sans dépens.

Fait en pleine chambre les jours, mois et an susdit. » (1).

(1) *Arch. Com.* F. F. n⁰ 172, Registre aux causes d'offices, fol. 54.

Il faut l'avouer, parmi ce dédale de réclamations, le Magistrat se trouvait parfois fort embarrassé, désireux qu'il était de ménager la chèvre et le chou ; d'une part, en effet, il aurait bien voulu ne pas trop mécontenter ses concitoyens, d'autre part il avait à considérer les services que certains spécialistes pouvaient rendre. Que faire dans cette perplexité ? En référer en haut lieu ? C'est ce à quoi se décidait le Magistrat, comme le prouve une de ses lettres adressées à M. de Francqueville d'Abancourt, procureur général du roi par devant le parlement de Douai, à propos d'un « pocheur ».

Nous ne pouvons, en raison de l'intérêt que présente cette lettre, la laisser passer inaperçue, aussi la reproduisons-nous intégralement avec la réponse du procureur.

« Le Magistrat de Cambray à Monsieur de Francqueville d'Abancourt, Procureur du Roy en sa cour du parlement de Douay.

Monsieur,

Nous sommes vivement sollicités par quelques chirurgiens de cette ville de prononcer sur la requette présenté au nom de leur communauté tendante à faire interdire au nommé le Comte, connu en cette ville soug le nom de pocheur, touttes fonctions d'ostéologie, si mieux il n'aime se faire recevoir dans la communauté des dits chirurgiens ; d'un cotté, ils se prévaillent de l'art. 70, titre 8 de leur réglement qui paroit autoriser leur demande, et de l'autre, cet homme

chargé d'une famille nombreuse est établi en cette
ville ou il fut attiré, il y a trente-huit ans par les
états et le Magistrat, à la faveur des pensions
qu'ils luy ont accordé et continué. Avant cela,
il étoit icy pour les mêmes fonctions pendant
six ans, une fois par semaine, ce qui fait
quarante-quatre ans de possession de son état.
Cet homme descend des pocheurs près Bapaume,
c'est son ayeul qui a instruit l'oncle des nommés
Alavoine, qui leur a transmis les connaissances
qui les ont fait tant renommer à Bapaume et
dans les provinces voisines. Le Comte a exercé
son état notoirement et à la satisfaction du public
sans avoir été inquiété par qui que ce soit, ny par
les maitres chirurgiens qui ont souvent travaillé
avec luy, et s'étant toujours borné à remettre
les os disloqués ou cassés, sans s'entremettre
autrement dans les fonctions des chirurgiens. Nous
désirerions de le luy conserver son état d'autant
plus que nous osons vous avouer confidemment,
Monsieur, que pour les dislocations il a des
talents particuliers et supérieurs à nos chirurgiens
qui n'ont jamais seuffit en ce genre. Cependant
étant agé de 65 ans, nous ne pouvons le déterminer
aux formes et aux frais d'une réception dans le
corps des chirurgiens qui viennent de nous
communiquer l'arrêt que la cour a rendu le
29 juillet 1766 sur vos conclusions en faveur des
chirurgiens de Douay contre le nommé Alavoine,
ce qui augmente notre embarras, nous serions
faché d'exposer ce particulier à un procès par
apel au parlement. Nous croions que les magistrats
des lieux sont suffisament autorisés par la

jurisprudence des arrêts à maintenir dans les villes ceux qui ont des talents qu'on ne trouve pas dans les corps, et nous pensons que le cas et les circonstances dans lesquels Le Comte se trouve sont touttes différends de ceux ou étoit Alavoine.

Nous vous suplions, Monsieur, de vouloir nous aider de vos lumières dans cette affaire intéressant pour le public.

Nous avons l'honneur d'être avec un profond respect,

    Monsieur,

Vos très humbles et très obéissant serviteurs.

  Les Prévôt et Echevins de Cambray,

Cambray ce 14 Juillet 1768. » (1).

Voici la réponse du procureur général du roi :

   « A Messieurs les Prévôt et Echevins
     de la ville de Cambray,
  Messieurs,

J'ai reçu la lettre que vous m'avez fait l'honneur de m'écrire, à l'occasion des difficultés que vous trouvez à prononcer sur la requête qui vous a été présentée par la communauté des chirurgiens de notre ville, aux fins de faire interdire le nommée Le Comte, tant qu'il ne se sera conformé aux formalités et règles prescrites par les différents édits et déclarations, que sa Majesté a faite pour la chirurgie.

_____

(1) *Arch. Com.* H. H. 28, n° 14.

Tout ce que vous me marquez, Messieurs, pour
éviter à ce particulier les examens et épreuves,
auxquels il paroit soumis par les règlements,
notamment par les statuts des chirurgiens, joints
sous le contre scel de l'édit du mois de Décembre
1723, et la déclaration de 1730, duement vérifiés
en cette cour, et les arrêts rendus postérieurement,
sont des raisons particulières de commisération
et de convenance, qui ne peuvent jamais détruire
ni empêcher l'effet de la loi, et quoiqu'elle paroisse
dure dans quelques circonstances, elle est en
général très sage et très juste, n'aiant pour but
que le bien public et la conservation de chaque
citoyen ; les précautions qu'elle prend, par les
apprentissages, épreuves et réception à maîtrise,
met un chacun à l'abri des dangers, auxquels il
seroit journellement exposé par l'impéritie de
ceux qui doivent par état travailler à sa conservation, et met un frein à l'entousiasme que le
vulgaire a toujours, pour tout ce qui lui paroit
tenir au merveilleux, et dont néanmoins le mérite,
ou pour mieux dire l'artifice, ne consiste que dans
son défaut de connaissance.

Ces règlements et statuts veuillent que personne
ne puisse exercer la chirurgie, à moins d'être reçu
maitre, et ils font différences à toute autre,
d'exercer conjointement ou séparément quelques-
unes des parties de la dite chirurgie, même aux
ecclésiastiques séculiers ou réguliers ; l'ostéologie
qui en fait une partie essentielle, doit donc
également y être soumise, parce qu'il en est d'une
partie comme du tout.

Vous me paroissez touchés, Messieurs, des
talens supérieurs de ce particulier, de la possession
ou il est de son état depuis plus de quarante ans,
de son âge, et de la famille nombreuse dont il est
chargé ; la loi ne distingue point les talens connus
d'avec ceux inconnus ; elle est générale ; elle ne
souffre ni exception ni modification ; elle veut
pour le bien de l'humanité fermer tout accès à la
prévention, à la faveur, et empêcher tout prétexte
de considération, qui souvent dégénère dans un
arbitraire presque toujours injuste.

Je crois néanmoins, Messieurs, que l'on pourroit,
sans s'écarter des principes que je viens vous
exposer, attendu la célébrité que ce particulier
s'est acquise dans sa profession, qu'il exerce
depuis longtemps avec votre approbation, engager
les chirurgiens à lui remettre les droits qu'ils
pourroient légitimement prétendre pour son
admission, et lui supposer le tems nécessaire
pour le recevoir ; quant à ce qui concerne l'examen,
il n'est pas possible de l'en exempter, parce que
la loy présume toujours les connaissances qu'on
peut avoir acquises insuffisantes, tant qu'elles ne
soient vérifiées par un examen : cet artiste doit
d'autant moins le craindre, que sa longue expérience doit lui donner plus de facilité à démontrer
ses opérations, et à exposer les principes qui les
dirigent.

Je n'imagine point que les chirurgiens refuseront
ces conditions, ce sont les offres que ceux de cette
ville (Douay) ont faites au sieur Alavoine, dans le
procès qu'ils ont soutenu contre lui ; s'ils le

faisoient, il seroit très aisé d'obtenir des lettres portant cette exemption.

Je crois ne devoir point entrer dans un plus long détail sur cet objet, et je vous serai infiniment obligé de m'informer des suites qu'aura cette affaire.

J'ai l'honneur d'être avec respect

Messieurs,

Votre très humble et très obéissant serviteur,

De Francqueville d'Abancourt.

Douay, le 30 juillet 1768. » (1).

Peut-être l'aura-t-on remarqué ; il y a dans cette réponse, un aveu qui mérite de fixer tout particulièrement notre attention : il est dit, en effet, que les chirurgiens de Cambrai étaient — en fait de dislocations — de beaucoup inférieurs au guérisseur Le Comte. Eh bien ! ayons la franchise de le confesser, cette constatation n'était malheureusement pas inexacte. Au commencement de ce chapitre, nous nous sommes borné à mettre en relief le côté charlatanesque de l'exercice illégal de la chirurgie ; mais la loyauté nous oblige à le reconnaître, parmi les spécialistes ambulants, il s'en trouvait quelques-uns qui, façonnés par une longue habitude aux opérations, ayant acquis les connaissances anatomiques nécessaires, faisaient preuve d'une réelle habileté et avaient acquis une réputation bien méritée. C'est même à ces quelques

(1) *Arch. Com.* H. H. 28, nº 15.

chirurgiens indépendants — parmi lesquels nous trouvons le célèbre Ambroise Paré — que la chirurgie doit d'avoir fait les plus grands progrès pendant le XVIᵉ siècle, si nos lecteurs s'en souviennent, nous avons assez insisté sur ce fait dans notre introduction.

Cette infériorité des chirurgiens, qu'il serait déloyal de contester, leur était après tout bien imputable, car, comme le dit avec raison Heister dans ses institutions de chirurgie : « Nos chirurgiens avaient honteusement abandonné les plus belles et les plus difficiles opérations de leur art aux empyriques et aux charlatans qui inondaient alors l'Allemagne, se contentant ordinairement eux-mêmes de savoir guérir une plaie de peu de conséquence, faire une saignée, ouvrir un abcès, ou remettre au plus un os dévié ou cassé. Il en était très peu qui osassent, je ne dis pas entreprendre les opérations qui exigent plus d'habileté, mais à qui la pensée en fut même venue. » (1).

Ce que disait Heister des chirurgiens Allemands pouvait également s'appliquer aux chirurgiens de notre pays, car tous redoutaient pardessus tout — et c'était bien naturel — d'être calomniés et d'être traités de meurtriers et de bourreaux lorsqu'un patient mourait entre leurs mains.

Ceux qui pratiquaient les opérations que délaissaient les chirurgiens, étaient désignés sous le nom d'opérateurs ou maîtres ; les uns restaient

---

(1) E. NICAISE. *Chirurgie de Pierre Franco*, Introduction, page XLIV. Paris, Félix Alcan, 1895.

dans une contrée qu'ils parcouraient selon le besoin, c'étaient les plus honnêtes. D'autres se rendaient de ville en ville, visitant des pays où ils n'étaient pas connus (1).

Ces derniers avaient là meilleure part et pouvaient impunément avoir toutes les audaces, car ils avaient toujours le temps de s'enfuir quand l'insuccès ou un décès résultait de leurs opérations.

La pratique des opérateurs réputés habiles reçut toujours — et c'était justice — des encouragements de la part du Magistrat de Cambrai et nous avons vu plusieurs de ces chirurgiens nomades émarger sur nos registres de comptes.

C'est ainsi que des dentistes — pour ne parler que d'eux — recevaient une indemnité de logement et on les exhortait d'élire domicile dans Cambrai ou tout au moins de s'y rendre à jours fixes.

— « A Denis Driscolt, enracheur de dante, payé trente florins pour une année de son logement escheue le 1er octobre que Messieurs du Magistrat luy ont accordé pour le retenir en cette ville pour l'utilité du publicq. » (2).

— « Au sieur Du Buisson, expert pour les dents, payé trente florins pour une année de son logement eschue le 14 décembre, à luy accordé par ordonnance du dit jour. » (3).

---

(1) E. NICAISE. *Chirurgie de P. Franco,* Introduction, page XLIV.

(2) *Arch. Com.* C. C. Registres des comptes, 1712 à 1726.

(3)   *Id.*   *Id.*   *Id.*   1731 à 1732.

— « Au sieur B. Desmaret, expert pour les
dents, payé trente florins, pour une année de
logement qu'avoit le sieur Du Buisson, escheue
le 23 juillet 1733. » (1).

— « A M. Chéron, dentiste, a été paié la somme
de quinze florins, pour une année de pensions
qui lui a été accordé, eschue au 20 novembre, à
charge par lui de se rendre en cette ville tous
les premiers de chaque mois pour le soulagement
gratuit des pauvres de cette ville. » (2).

Le Magistrat ne se montrait pas moins généreux
pour bien d'autres spécialistes ; il ne serait pas
sans intérêt d'en citer aussi quelques noms :

— « A Catherine Douillière, pour les grands
services qu'elle rend au public au fait des
ruptures des petits enfans qu'elle guérit sans
faire d'opération, depuis 12, 13, 14...... 31 ans,
payé vingt florins pour une année de pension que
Messieurs du Magistrat luy ont accordé par acte
du 19 juin 1722. » (3).

— « A Nicolas Vignon, chirurgien de Gosau-
court, payé 24 florins pour avoir pansé des
escruelles Guislain Ozé, enfant de la maison des
pauvres. » (4).

— « A Philippe Le Comte, demeurant à Mamer
du cotté de Péronne, payé quarante-huit florins,

(1) *Arch. Com.* C. C. Registre des comptes, 1733.
(2) *Id.*   *Id.*   *Id.*   1783 à 1786.
(3) *Id.*   *Id.*   *Id.*   1722 à 1742.
(4) *Id.*   *Id.*   *Id.*   1724.

pour une année de pension à luy accordée en
considération de ce qu'il vient tous les lundis de
chaque semaine pour faire l'opération à ceux qui
ont des dislocations, à condition de panser les
pauvres gratis, eschue le 22 décembre 1734. » (1).

-- « Au même, payé quatre-vingt-seize florins
pour une année de pension à luy accordée par acte
du 9 décembre 1734, à condition de faire sa
demeure en cette ville pour panser ceux qui ont
des dislocations et fractures des os, et de panser
les pauvres de la ville et banlieue gratis.. » (2).

— « Au même, payé quatre-vingt-seize florins
pour une année de pension eschue le 4 décembre
de cette année, en qualité de rebouteur de
dislocations des os... » (3).

A partir de 1783 nous voyons ce même Philippe
Le Comte prendre le titre d'*ostéologiste* ; ce dût
être un rebouteur célèbre.

— « A la nommée Dorémus, pour une année de
pension pour traitement de la maladie de la teigne
envers les pauvres échue le 15 août, payé
40 florins. » (4).

---

(1) *Arch. Com.* C. C. Registres des comptes, 1734 à 1735.
(2)   *Id.*   *Id.*   *Id.*   1741 à 1750.
(3)   *Id.*   *Id.*   *Id.*   1755 à 1787.
(4)   *Id.*   *Id.*   *Id.*   1781 à 1786.

La teigne était une affection assez répandue autrefois, et
il est à croire que certaines personnes possédaient en
réalité des moyens de guérir cette repoussante maladie ;
nous en avons pour garant les déclarations d'une émule de
Madame Dorémus :

« La soussignée reconnoit avoir reçu du Directeur de la

— « Au nommé Alavoine, ostéologiste de Cantalmaison près Bapaume, a été payé la somme de cent-vingt florins, pour une année de pension échue au 1er juillet, qui lui a été accordée à charge par lui de se rendre en cette ville tous les seconds lundis et derniers vendredis de chaque mois, pour le soulagement gratuit des pauvres de cette ville ayant besoin des secours de son art. » (1).

Non content de reconnaître pécuniairement les services des opérateurs ambulants, le Magistrat savait aussi parfois témoigner sa satisfaction et sa gratitude par des éloges bien propres à étendre la renommée de ceux qui en étaient l'objet.

Où trouver, par exemple, un témoignage plus flatteur que celui exprimé dans une lettre adressée par le Magistrat au Ministre, Secrétaire d'Etat, au sujet d'un oculiste, le sieur Daniel, qui, paraît-il, avait obtenu un succès vraiment extraordinaire pendant son court séjour dans notre ville.

Maison des pauvres près du Marché-aux-poissons, quarante-trois florins et seize patars, pour avoir guéri trois filles de la taigne, à douze florins par tête, et un écu par tête pour leur nourriture lespace qu'elles furent chez elle, s'obligeant à les venir visiter et travailler gratis, en cas que la ditte taigne repousse.

Fait à Cambray, le 6 Juillet 1747.

                                        Antoinette Collret. »

Musée communal, collection E. Delloye, manuscrits, liasse 49.

(1) *Arch. Com.* G. G. Registres des comptes, 1783-1789.

Il s'agit ici du même Alavoine dont nous avons reproduit, ci-dessus, la circulaire-réclame.

« A Monseigneur de S¹-Florentin, Ministre
et Secrétaire d'Etat à la Cour,

Nous ne pouvons nous dispenser d'avoir l'honneur de vous témoigner la grande satisfaction que nous avons eu des services et du soulagement que le sieur Daniel, chirurgien et oculiste ordinaire du roy a ici procuré à beaucoup de personnes affligées des yeux ; la plus grande partie des opérations qu'il a fait ont eu un succès merveilleux tant pour les cataractes, inflammation invétérées et autres maladies des yeux ; outre cela, nous ne seaurons assez nous louer de ses bonnes manières et de sa charité envers nos habitans de la ville et de la campagne, et aussi les soldats et cavaliers de la garnison. C'est une justice, Monseigneur, que nous sommes obligés de lui rendre, et nous nous flattons que vous voudrez bien agréer que nous profitons de cette occasion pour vous renouveler les très humbles assurances du profond respect avec lequel nous sommes, Monseigneur, vos très humbles serviteurs.

Cambray le 9 may 1750. » (1).

La réponse que fit le ministre n'était pas moins élogieuse pour le chirurgien Daniel.

« Je reçois, Messieurs, la lettre par laquelle vous m'informez du succès des opérations du sieur Daniel, chirurgien oculiste, et qui a l'honneur d'être chirurgien du Roy ; il s'étoit acquis de la réputation dès le tems qu'il étoit en Provence, et

(1) *Arch. Com.* G. G. 261, Assistance.

les témoignages que vous rendés du soulagement qu'il a procuré à plusieurs personnes à Cambray, ne peuvent que luy faire honneur, et j'en rendrais compte à sa majesté.

Je vous prie de ne pas douter des sentiments avec lesquels je vous honore, Messieurs, plus parfaitement que personne du monde.

FLORENTIN.

Versailles le 15 May 1750. » (1).

Tout ceci — est-il besoin de le faire remarquer? — n'empêchait pas de constituer une grande irrégularité. Il est vrai que, d'après les règlements de la localité, les chirurgiens de Cambrai semblaient, sous certaines conditions, ne pas trop s'en courroucer, puisqu'il est dit dans l'article septième des statuts de 1632 : « Que tous ouvriers estrangers se meslans de tailler et faire incisions pour pierre ou desrompure, ne polront exercher leurdits praticques sans à chacune fois prendre et avoir avecq eulx deux maistres chirurgiens de Cambray pour le moins, affin qu'ils ayent regard que la chose se fache deument, et payeront les dits ouvriers, de leur propre sallaire, une livre de chire de chacune incision, au profit de la confraerie, et celluy étant médicamenté payera dix solz à chacun des dits maistres pour leurs vaccations. » (2).

_____

(1) *Arch. Com.* G. G. 261, Assistance.
(2) *Arch. Com.* H. H. 10, Police n° 1. Règlemens des corps de métiers de Cambray, 1632, art. 11. Voir pièce just. n° 2.

Pour enrayer définitivement toute entreprise téméraire de la part des spécialistes qui, naturellement, se gardaient bien d'appeler d'autres chirurgiens comme juges, et pour mettre un terme à quantité d'abus, s'appuyant sur les précédents statuts auxquels nous avons déjà fait allusion, le roi, dans sa déclaration de 1772, ordonna que les spécialistes auraient à subir « devant le collège de chirurgie du ressort où ils prétendaient exercer, un examen portant sur la spécialité qu'ils avaient choisie. Cet examen leur donnait le titre d'Experts dentistes, herniaires, oculistes ou renoueurs, suivant la partie. Défense leur était faite, sous peine de trois cents livres d'amende, d'exercer quelque autre partie de la chirurgie que ce fût, et même de se donner le titre de chirurgiens. »

Art. XCVIII à C. (1).

---

(1) Dr A. FAIDHERBE. *Les médecins et les chirurgiens de Flandre avant 1789*, p. 98.

CHAPITRE XI

Les Chirurgiens vis-à-vis de leurs confrères.

Membres d'une même famille, les chirurgiens devaient se témoigner mutuellement une affection sincère, voire même fraternelle. N'est-ce pas une prescription évidente de la loi naturelle ?

Loin de chercher à se faire une concurrence déloyale ou à se discréditer, les statuts de leur corporation les exhortaient à se prêter un appui réciproque et à se montrer pleins d'égards les uns envers les autres, évitant les propos blessants, les critiques mal fondées et toutes les menées capables de détourner les clients.

Un chirurgien était-il demandé près d'un malade ? Pour se conformer aux dits statuts, il devait toujours s'informer si ce malade ne recevait pas déjà les soins d'un autre confrère. En cas de réponse affirmative, il ne pouvait donner ses soins qu'avec le consentement du chirurgien habituel ou en consultation. Que si le client, en cours de traitement, manifestait formellement la volonté de changer de chirurgien, le nouvel appelé ne pouvait acquiescer au désir du client qu'à une condition, c'est que son confrère serait immédiatement réglé.

« Toutefois — dit l'article 15 des statuts de 1632 — qu'il adviendra que quelque pasient pour

navrement (plaie grave) bleschure ou aultre
accident et maladie quelconques se sera mis ès
mains de quelqu'ung des dits chirurgiens pour
estre visité et médicamenté, et que depuis, durant
encor le dit accident ou maladie, par fantaisie,
conseil ou mutabilité, comme souvent est advenu,
voudra changer et se mettre ès mains d'aultre ou
aultres chirurgiens, en ce cas le dit pasient sera
tenu de payer et contenter préalablement le dit
premier maistre de ses labeures, sallaires et
vacations, ou du moins luy bailler bonne et
suffisante caution de le satisfaire au plus tard, à
deffault de quoy, le second ou aultres maistres
chirurgiens ne polront entreprendre le dit pasient
soubz correction arbitraire. » (1).

Voilà, n'est-il pas vrai, chers lecteurs ! un bel
exemple de solidarité confraternelle, et pourquoi
faut-il qu'il soit devenu si rare de nos jours !
Mais...... n'insistons pas : autre temps autres
mœurs.

Tout acte contraire à la dignité professionnelle
était sur le champ réprimé et de façon irrémissible.
Que disons-nous, le moindre manque de respect
était plus ou moins sévèrement repris ; témoin
cette lettre d'excuses adressée au Magistrat par un
chirurgien qui s'était vu infliger une amende de
deux livres de cire, pour avoir, paraît-il, proféré
des paroles injurieuses contre un de ses confrères.

(1) *Arch. Com.* H. H. 10, Police n° 1 ; Règlemens
des corps de métiers, fol. 75, verso. Voir pièce justif. n° 2,
art. 15.

« A Messieurs M. du Magistrat de la ville
de Cambray,

Supplie très humblement Jacques Lefebvre,
maître-chirurgien en cette ville, disans que le
premier de ce mois, s'estant trouvé en l'assemblée
des maîtres chirurgiens ses confrères, il ne fut pas
plus surpris de voir porter à sa charge une
amende de deux livres de cire, au profit du Sainct
de leurs corps, sous prétexte que le suppliant,
dans quelque démeslée qu'il y a eut, au sujet de
l'absence de son père de la ditte assemblée, auroit,
en leur répondant, proféré quelque jurement, quoy
que néanmoins rien n'est plus faux, puisque le
supliant peut tout au plus avoir dit, par l'habitude
qu'il a en parlant : merdieux faitte ce que vous
voudrez, n'estant pas là un discours qui peut avoir
donné matière à l'amender comme on a fait,
d'autant moins encore qu'à supposer qu'il y
eut déffences de parler ainsy, le suppliant est
excusable en cette occasion, puisque les règlemens
et statuts de leur corps ne luy ont jamais été lue
ny notiffié, quoy qu'il ait été ordonné plusieurs
fois par vos seigneuries, qu'à chaque réception de
jeusnes maîtres chirurgien, on auroit à leurs lire
les règlemens du corps ; néanmoins, cette amende
ainsy portée sans raisons, et le plus mal à propos
du monde, deshonore le suppliant et le met dans
l'obligation de s'en plaindre comme il fait, pour
s'en faire descharger par vos seigneuries ; à ces
causes il a recours à vous, Messieurs, considérez
il vous plaise dire et déclarer, qu'à tort et sans
sujet, les maieurs et corps des dits maîtres

chirurgien ont amendez le supliant de deux livres
de cire en nature, au profit du Sainct, ordonnons
en conséquence que l'act qu'ils en ont tenus sur
leur registre sera biffer, et que le suppliant sera
deschargé de la ditte amende sans dépens, requérans ordonnance de comparoir en pleine chambre.

Implorant.....

> > LE FEBVRE, minor. » (1).

Toutes ces explications ne parvinrent pas à
convaincre le Magistrat ; le dit Le Febvre fut donc
obligé de s'exécuter, ainsi que l'atteste la note
écrite en marge de la requête même du suppliant.

« En conséquence de l'ordonnance cy-dessus,
les parties estantes comparues en pleine chambre
et icelles ouyes en leurs raisons respectives,
Messieurs déclarent bien avoir esté jugé et mal
appellé, ordonnent en conséquence que la condamnation de deux livres de cire portée allencontre
du suppliant sortira effet, le condamnant aux
dépens taxé à vingt pattars, comprise la présente
sentence et copie d'icelle.

Fait en pleine chambre.... 4 octobre 1720.

> > Témoin : CLAUWEZ. » (2).

Si l'on pouvait parfois accuser les chirurgiens
d'être susceptibles jusqu'à l'excès pour un simple
manque de courtoisie, ils ne se montraient pas
moins sévères pour le moindre empiètement sur

---

(1) *Arch. Com.* II. II. 28, nᵒ 45.
(2)   *Id.*   *Id.*

leurs droits respectifs, comme on pourra s'en
convaincre à la lecture de la lettre de remontrance
ci-jointe :

> « A Messieurs M. du Magistrat de la ville,
> cité et duché de Cambray.

Remontrent très humblement Jacques Lefebvre
et Pierre Dechy, maîtres chirurgiens jurés de cette
ville, pendant le cours de la présente année 1720,
que non obstant les délibérations plusieurs fois
prises et réitérées, entre tous les maîtres chirurgiens qui composent leur corps, de ne point
entreprendre de visites ou pansements, qui se font
par ordonnance de justice, au préjudice des dits
jurez qui changent et se renouvellent tous les ans,
chacun y venant à son tour ; cependant quelques-
uns de leurs confrères moins bien intentionnés, et
se souciant peu des dittes résolutions, ne laissent
pas d'entreprendre encore tous les jours ces sortes
de visites et pansements, sans vouloir se soumettre
à la loy commune, que la généralité s'est prescrite
et imposée à cet égard pour un plus grand bien,
à l'exemple de ce qui se pratique entre Messieurs
les Médecins qui, en cela, suivent et observent
religieusement entre eux la même règle ; les
supliants qui ont un intérêt particulier, que ces
sortes d'entreprises si contraires à la bonne foy
et à ce qui se doivent réciproquement cessent, et
que les délibérations de leur corps prises à cet
égard soient exécutés dorénavant avec plus de
ponctualité, prennent leur recours devers vous,
Messieurs, ce considéré, et après avoir oui tous
les dits maîtres en corps, ou le plus grand nombre,

il vous plaise d'y pourvoir par telles défenses,
réglement et amende que vous trouverez mieux
convenir. » (1).

Les quelques détails qui précèdent, suffisent
pour mettre dans un relief vraiment lumineux les
nombreux avantages, comme aussi les garanties
sérieuses, qui étaient pour les chirurgiens le fruit
de leur groupement en corporation.

Au sein de cette association, que soutenait et
protégeait l'autorité, tout se passait en famille ;
chacun y trouvait sa règle de conduite et avait
tout intérêt à la suivre, puisqu'à la moindre
incartade, il était rappelé à l'ordre par ses confrères.
Que valent, en comparaison des anciennes corporations, nos syndicats d'aujourd'hui, dépourvus
qu'ils sont de sanctions efficaces et de moyens de
coercitions contre les membres indociles ou même
indignes. Mais, dira-t-on, oubliez-vous l'avertisse-
ment, le blâme et la quarantaine ou mise en
isolement ? Non, nous ne les oublions pas ; mais
nous constatons que ces sortes de réprimandes
n'ont rien de redoutable, aussi ne touchent-elles
guère ; au contraire, d'aucuns s'accommodent parfaitement d'être isolés pour la raison bien simple
qu'ils sont de la sorte plus libres pour agir à leur
guise !

Abordons maintenant une question connexe à
celle que nous venons de traiter : il s'agit de savoir
si, étant admis que les membres d'une même

(1) *Arch. Com.* H. II. 28, n° 38.

corporation devaient se témoigner des égards les uns envers les autres, la même obligation était imposée et observée dans les rapports mutuels des différentes corporations ?

La négative nous semble plus probable, principalement quand il s'agissait de corporations composées d'individus professant des métiers presque similaires, tels les cordonniers et les savetiers, les charpentiers et les menuisiers, les graissiers et les chandeliers, les corroyeurs et les tanneurs, et, pour en revenir aux membres des corporations qui nous intéressent, les médecins, les apothicaires et les chirurgiens. Entre ces derniers corps surtout, il était souvent bien malaisé d'assigner au rôle de chacun des limites bien précises.

Les apothicaires — comme de nos jours la plupart de leurs successeurs — ne se faisaient guère scrupule d'empiéter sur le domaine de la pratique médicale et même chirurgicale.

Les chirurgiens de leur côté, à qui revenaient uniquement les opérations manuelles, n'étaient pas plus scrupuleux, ils oubliaient — pour employer un euphémisme — de faire appeler les médecins quand il s'agissait de soigner les maladies internes, de prescrire les médicaments et d'indiquer le régime, toutes choses qui étaient exclusivement du ressort et de la compétence des médecins ; aussi les rivalités et les conflits ne finissaient-ils que pour recommencer aussitôt.

A part quelques discussions d'intérêts peu importantes, les documents que nous possédons ne nous ont rien laissé de bien intéressant, sur les querelles des médecins et des chirurgiens dans l'exercice de leur profession. En revanche, ils nous ont fait le récit de leurs interminables discussions sur une question qui, à première vue, semble n'avoir qu'une importance bien secondaire : les leçons d'anatomie !

Peut-être nos lecteurs se rappellent-ils ce que nous avons dit dans un chapitre précédent : à savoir que le roi Louis XIV, le 21 Février 1698, avait exigé que les chirurgiens des villes principales fissent, au moins une fois par an, une démonstration d'anatomie, aux frais de la communauté.

On ne saurait imaginer les discussions que suscita ce simple décret, les flots d'encre qui coulèrent sur le papier à ce sujet, c'est inénarrable; aussi ne chercherons-nous pas à vouloir tout raconter !

Loin de prendre l'initiative pour se conformer aux ordres de sa Majesté, les chirurgiens temporisèrent à qui mieux mieux, et, ce qui est plus fort, ils s'obstinaient même à ne pas faire ce cours.

Les médecins, de leur côté, intéressés qu'ils étaient, puisque l'un d'entre eux à tour de rôle devait présider la démonstration, et, ce qui valait bien mieux, toucher cinquante livres, avaient beau insister auprès des chirurgiens, toutes leurs démarches restaient vaines.

Las de toujours attendre, de protester et de faire des menaces, les médecins finirent par en référer

au Magistrat dans les termes que nous rapportons
ci-après :

« A Messieurs M. du Magistrat de la ville
de Cambrai.

Remonstrent très humblement les sieurs Bouflers,
médecin juré, et les autres médecins de cette ville,
que suivant l'édit du mois Février 1692, concernant
les médecins et chirurgiens jurés, il se doit faire
tous les ans, au moins une fois, aux fraix de la
communauté des chirurgiens, une anatomie et des
opérations dans cette dite ville, par l'un des dits
chirurgiens qui en doit faire la démonstration, et
le discours par un médecin, pour raison de quoy,
il doit estre payé au médecin qui fait le discours,
cinquante livres, et pareille somme au chirurgien
qui fait la démonstration. C'est cependant ce qui
n'a point encor esté fait, quoy que projetté bien
des fois, et comme à présent, les dits chirurgiens
doivent avoir de quoy fournir suffisamment à ce
qui est réglé et ordonné par le dit édit, par la
réception de grand nombre de maîtres, à quoy
pourtant ils ne veuillent point se conformer, les
supplians se trouvent obligés de se retirer vers
vous, Messieurs, affin que, ce considéré et eu
égard que ces anatomies sont ordonnées pour
un bien public, et affin qu'un chacun puisse se
perfectionner dans son art, il vous plaise ordonner
qu'en exécution du dit édit, ils fassent incessamment une anatomie, en y observant ce qui est
prescrit par l'édit, et à cet effet leur accorder le
premier cadavre de l'un ou de l'autre des deux
hospitaux de cette ville, et en cas des délais en

contestation, condamner les dits chirurgiens en tous dépens, dommages et intérêts, requérans comparution pour terminer les choses sommiairement.

3 Septembre 1714. » (1).

Le Magistrat ne pouvait qu'appuyer les réclamations des médecins ; voici du reste la réponse qu'il fit dans ce sens :

« Vu la présente requeste et ouy les parties en pleine chambre, Messieurs du Magistrat ordonnent que conformément à l'article nœuf de l'édit du Roy, du mois de février 1692, soit faite incessament une anatomie et des opérations chirurgicques, auquel effect accordent le premier cadavre propre à cet usage qui se trouvera dans l'un ou l'autre des hospitaux de cette ville. Et quant à la récompense ou salaire de ceux qui feront la démonstration et le discours, il y sera pourvue, après que les chirurgiens auront rendu compte, suivant leurs offres, des deniers de la bourse commune de leur communauté.

Fait en pleine chambre, le six Septembre 1714.

Tesmoin : MICHEL LOBRY.

Signifié et délivré copie à maîtres Escourgeon et Piérez le fils, comme jurés de la communauté des chirurgiens parlant à leurs personnes.

A Cambray le sept septembre 1714.

LUIRET (huissier). » (2).

C'était pour les chirurgiens une mise en

(1) *Arch. Com.* H. H. 28.
(2)   *Id.*   *Id.*

demeure — et catégorique, n'est-il pas vrai — de
s'exécuter, et il y avait lieu de croire qu'ils allaient
tout au moins s'y préparer. Erreur complète ! Les
chirurgiens restèrent sourds, refusant d'obtempérer
aux prétentions des médecins sous prétexte,
disaient-ils : « que dans les villes de Rouen,
d'Amiens, de Laon, d'Arras, de Lille, de Valenciennes et autres villes importantes, aucune
démonstration anatomique n'avait encore été
faite », et comme preuves à l'appui, ils alléguaient
d'abord un certificat du doyen et des chirurgiens
jurés de Tournai, en date du 31 octobre 1719,
attestant que les dites démonstrations anatomiques
n'avaient jamais été pratiquées dans cette ville,
depuis l'édit de 1692 (1) ; puis un autre certificat
du doyen et chirurgiens jurés de Valenciennes, en
date du 19 mars 1720, où était énoncée une pareille
affirmation (2) ; enfin, un troisième certificat du
doyen et des quatre maîtres jurés de l'art de
chirurgie de Lille, en date du 26 avril 1720, donnant
la même attestation (3).

Naturellement les médecins n'eurent garde
d'accepter ces excuses et répliquèrent qu'ils
n'admettaient pas ces raisons, attendu que, si les
démonstrations n'avaient point lieu dans les villes
susnommées, c'était par suite d'une entente entre
les médecins et les chirurgiens, entente pernicieuse
n'ayant pas force de loi dans les autres villes (4).

(1) *Arch. Com.* II. H. 28.
(2)   *Id.*   *Id.*
(3)   *Id.*   *Id.*
(4)   *Id.*   *Id.*

A bout d'arguments, les chirurgiens crurent
avoir trouvé un bon moyen de se dérober à leurs
obligations, en déclarant qu'ils n'avaient pas de
cadavres. Cette excuse n'eut guère plus de succès
que les premières, car les médecins se hâtèrent de
leur répondre « qu'il était mort plusieurs étrangers
dans les hôpitaux et qu'il s'était fait plusieurs
exécutions » (1). D'ailleurs même, en admettant le
manque « de sujets d'expérience » les chirurgiens
ne pouvaient-ils pas se servir d'animaux ; cette
dernière ressource, après tout, n'avait-elle pas ses
avantages, puisqu'en disséquant les animaux
vivants, on pouvait suivre le fonctionnement des
différents organes. Et les tables anatomiques
d'Amé Bourdon ? Les chirurgiens les tenaient-ils
pour rien ? Bref, il ne restait plus aux chirurgiens
aucune échappatoire, et il devenait évident pour
tout le monde que la raison qui les empêchait de
faire leur démonstration anatomique, c'était tout
bonnement — on le devinait aisément — leur
profonde ignorance et leur incurie. Aussi furent-
ils remplacés par des chirurgiens étrangers, des
chirurgiens militaires surtout ; ces derniers, qui
avaient l'avantage d'être plus instruits, s'offrirent
non seulement de faire des leçons d'anatomie,
mais encore d'enseigner « toutes sortes de pratiques
chirurgicales ».

---

(1) *Arch. Com.* H. H. 28.

Pl. IV.

CHAPITRE XII

Les Chirurgiens vis-à-vis de leurs clients.

Le dévouement, un dévouement entier, absolu, voilà résumé en un seul mot tout le code des obligations des chirurgiens à l'égard de leurs clients.

Le vrai savoir, le zèle, l'exactitude, l'attention et la discrétion, telles étaient, alors comme de nos jours, les principales qualités requises dans l'exercice de leur art ; ils avaient surtout à se comporter avec toute la prudence que prescrivaient les statuts, pour les mettre en garde contre les dangers de la présomption ; c'est ainsi qu'ils ne pouvaient entreprendre d'opération délicate sans avoir consulté les plus anciens confrères et même sans être assisté d'un docteur : « Est interdit aux chirurgiens de faire aulcune œuvre manuelle où il ira de la vie de la personne, comme de trespaner, extirper et coupper membre, ou semblables dangereuses opérations, sans estre accompagnés et aucthorisés de quelque docteur. » (1).

---

(1) *Arch. Com.* H. H. 10. Police n° 1. Règlemens des apothicaires, 1699, fol. 152.

La gravure de la planche 4 nous représente une amputation, d'après Guillaume-Fabrice DE HILDEN (traité de chirurgie, 1682). On ne connaissait pas encore, à cette

Dès qu'ils avaient pris toutes les précautions nécessaires et qu'ils s'étaient comportés suivant les règles et les indications de leur art, leur responsabilité était sauve, et par suite, on ne pouvait équitablement leur imputer des événements fâcheux qui pouvaient survenir.

Il n'en était plus de même lorsqu'il y avait eu de leur part négligence, abandon volontaire ou impéritie. Une de ces fautes était-elle patente ? Les docteurs et chirurgiens jurés avaient-ils donné un avis défavorable ? La justice alors intervenait, comme c'était son devoir, et se chargeait de poursuivre le chirurgien coupable (1) ainsi que l'on pourra s'en convaincre d'après la requête suivante :

« A Messieurs M. du Magistrat de Cambray,

Les sieurs H. Goubet, docteur en médecine, Pierre Martinet, chirurgien de son exellence Mr de Saint-Conté, Pierre Lefuzelier, Jean Henry Pierret et Antoine Ducroc, maîtres chirurgiens de cette

---

époque, les diverses méthodes employées de nos jours, pour donner à la plaie produite par la section une forme favorable afin d'obtenir un moignon convenable ; nous voyons ici l'opérateur diviser les os et les tissus de la jambe au même niveau, comme s'il sciait un morceau de bois. La présence d'un réchaud où chauffent des fers nous montre aussi, qu'à la fin du XVIIe siècle, il y avait encore des chirurgiens qui préféraient le cautère à la ligature, recommandée pourtant comme le meilleur moyen hémostatique.

(1) Le chirurgien recevait, en ce cas, un blâme ; il pouvait même être condamné à des aumônes ou à d'autres peines pécuniaires ou corporelles, selon les circonstances.

ville, qui ont veu et visitté en leurs dites qualités,
le nommé Lapousse, habitant de cette ville demeurant chez la veuve Furbay, paroisse de Ste Croix,
attaqué depuis plusieurs années d'une hydropise
de tout le ventre qui s'est étendu en depuis dans
les cuisses, les jambes et le scrotum ; se croyent
obligés, en leurs dites qualités et par la connaissance qu'ils ont de la maladie du dit Lapousse,
de représenter à vos seigneuries que Jacques
Lemaire, chirurgien du village de Marcoing, s'est
ingéré de faire deux incisions au scrotum, sans avis
ny conseil de médecins et chirurgiens. Lesquelles
incisions, avecq certain remède qu'il a apliqué,
ont été faites à contre temps et si mal à propos,
qu'elles ont causés : premièrement, la mortification
du dartos, du reste du scrotum, du dedans intérieur
de la cuisse, des fesses, etc., ce qui a fait un tort
irréparable au malade, adjoutant qu'ayant fait
apellé le dit Lemaire, et lui ayant demandé les
raisons de son opération et de ses remèdes, il n'a
sceu en donner aucunes ; s'étant contenté de dire
que c'étoit pour parvenir à la guarison du malade,
et ayant méprisé les remontrances à lui faites, il
poussa sa témérité jusqu'à vouloir faire une autre
grande incision. De quoi les remontrants ont étés
très surpris, et ils ont blâmé le dit Lemaire, auquel
ils ont fait entendre par leurs raisons que cet
homme alloit mourir, et que la dite incision seroit
absolument nuisible au malade, en effet le dit
malade est mort quelques heures après.

Les remontrants suplient vos seigneuries d'avoir
égard au contenu de la présente remontrance, afin
d'y pourvoir ainsy qu'elles jugeront convenable

tant pour le présent cas que pour ceux que le dit
Lemaire pourroit commettre à l'avenir, et qu'il
vous plaise au surplus accorder acte aus dits
remontrants du contenu au présent reçu du fait.

8 Août 1721.

GOUBET, LEFUZELIER, MARTINET,
J. H. PIEREZ, DUCROC. » (1).

Les maladies ou les blessures paraissaient-elles
mettre la vie en danger, les chirurgiens étaient
obligés d'en donner avis au curé ; mais défense
formelle leur était faite de divulguer aucune des
maladies secrètes, qu'on ne pouvait publier sans
compromettre l'honneur et la délicatesse de ceux
qui en étaient atteints.

Il n'était point permis aux chirurgiens de faire
de convention avec leurs malades pour les traitements dont ils avaient la direction ; ainsi pas
d'abonnements ni de traitements à forfait, comme
cela se pratique de nos jours.

Si les mémoires produits par les chirurgiens
paraissaient exagérés, il était loisible au client de
faire des offres sur ce qu'il croyait être dû légitimement ; il pouvait aussi demander à ce que ces
mémoires fussent révisés par un ancien chirurgien.
En cas de contestations, les hommes de lois étaient
là pour décider en dernier ressort.

Quelques mémoires recueillis dans la collection
Delloye nous ont fourni de curieux renseignements
sur ce qu'étaient autrefois les honoraires des

(1) *Arch. Com.* H. H. 28.

chirurgiens cambrésiens ; nous allons en faire
part à nos lecteurs, persuadé d'avance qu'ils ne leur
paraîtront pas trop exagérés, bien que ces mémoires
aient presque tous été réduits, tant il est vrai de
dire que de tous temps l'on a marchandé le dévouement, et ce n'est pas se risquer d'affirmer que l'on
n'est pas encore prêt de changer, à en juger d'après
la manière dont les choses se passent actuellement !

Ces mémoires — il est bon de le faire remarquer
— proviennent tous de chirurgiens attachés aux
anciens établissements charitables de notre ville,
notamment des chartriers, des orphelins et des
orphelines, des communs pauvres et de la maison
de Ste Agnès ou fondation de Notre-Dame.

« *Biliet de Cartriers* (1) *de cest que jay travailliez
touchant de l'art de chirurgie ; à mois d'aoust
1690 jusque à l'an 1691.*

Une saigniez du bras . . . 3 sols
         id.   3 »
         id.   3 »
Une saigniez du pied . . . 6 »

De par moy faict, et confesse avoir rechu la
somme de quinze sols.

Alexandre LEDIEU. » (2).

(1) La maison des Chartriers ou des incurables fut fondée
au XIIIe siècle. D'abord établis dans l'hôtel St-Pol, les
chartriers habitèrent ensuite l'ancien refuge d'Anchin,
compris aujourd'hui dans les vastes magasins aux vivres de
la rue des Capucins. Cette maison fut réunie à l'Hôpital
général de la Charité qui fut institué en 1752, en vertu de
lettres patentes du Roi.

(2) *Musée communal de Cambrai.* Collection DELLOYE,
M. S. *Médecins et Chirurgiens*, liasse 49, pièce n° 45.

« *Biliet de Antoine Crocqfer :*

Le 21 jeulette 1693, jay visité Anne Calou d'un ulcère à la teste et lessé des emplatre pour quatre jour, il ne peut pas moins mériter que dix sol.

Le 27 de septembre avoir saignié un chartrier, 4 sol.

Le 22 davrile 1694, avoir saignié un ayeugle chartrier de pied. Huict sol.

Pour avoir pensé et médicamenté Barbe Lensel chartrierre dune gangreine desus los coccix et le dit os decouverre à la vue de tout les femmes, c'est que jay pourtant osté la pourriture et le rincarné.

Encorre une autre ulcerre desus la cuisse et plusieurs autres sy comme aux genoult, tellement que si on avoit volu tirer la jambe, elle se seroit séparé de la cuisse ; pour la grand putréfaction jay fait tout les diligense possible et assiduité, depuis le 27 de janvier jusque au 13 de may, qui font cent et sept visite et pensement, tellement que je seray conten de six sol chaque fois pour tout mes lotion digestive composé, et baume et emplatre qui porte pre de la moitié, et ce que je perdoy dans ma boutique à mon absens.

Le soussine confesse davoire receue de Monsieur Comar, chapelin de Notre-Dame, la somme de trente florins et le tien quite de tout jusque a ce jour.

    Faict à Cambray le 24 de may 1694,

      Antoine CROCQFER, *chirurgien.* » (1).

(1) *Musée communal de Cambrai.* Collection DELLOYE, M. S. *Médecins et Chirurgiens,* liasse 49, pièce nᵒ 70.

Reçu de H. Piérez.

« Jay recue vingt-quattre pattars de Monsieur Devrez, receveur des chartriers, pour avoir fait six saignées, à raison de quattre pattars chaque saignée.

Fait à Cambray, le 7ᵉ de janvier 1729.

H. Piérez, *chirurgien.* » (1).

Reçu de Lefebvre.

« J'ay recu pour gratification ordonné pour moi par les administrateurs des chartriers, sept florins quatre patars pour services rendus.

Neuf octobre 1737.

Leféve dit la jeunesse. » (2).

Reçu de Secourgeon.

« Le soussigné confesse davoir receu de Monsieur Delatre, receveur des orphelins (3) de Cambray, la somme de quinze florins pour une année de pention, et ce pour avoir pencé et seignié les dit

----

(1) Collection Delloye, liasse 49, pièce n° 30.

(2)   *Id.*   *Id.*

(3) La maison *des Orphelins et des Orphelines* fut fondée au XIIIᵉ siècle et eut pour bienfaiteurs : l'*Œil de Caullery* et *Catheline* sa femme, *Gossiaux* et la veuve *Jehan Loncle.* Transférée l'an 1594, grande rue Sᵗ-Vaast (rue de la Manu-tention), puis en l'an 1694 dans une maison de la rue des Archers ou des Bleuettes, elle fut réunie à l'*Hôpital général*, en 1752.

orphelins la dite anné esceu a lascension de lan
mille sept cent quinz.

Charles SECOURGEON, ch. » (1).

Reçu de la veuve Secourgeon.

« La soussigné confesse davoir receu de
M. Delate, receveur des orphelins de Cambray,
la somme de quinse florins pour une année de
pention, et ce pour avoir pencé et seigné les dits
orphelins, la dite anné escheu a la semtion des
lan mil sept cens trois.

La veuve SECOURGEON. » (2).

Reçu de Lefebvre.

« Le soussigné reconnoit avoir reçu du directeur
de la maison des pauvres (3) près du marché aux
poissons, vingt-florins sept patars et quatre doubles
pour trois mois de pension et d'exemption eschus
le premier de may 1747.

Fait à Cambray le 12 du dit mois 1747.

LEFEBVRE, *chirurgien.* » (4).

---

(1) Collection DELLOYE, liasse 49, pièce nº 5.

(2)   *Id.*   *Id.*

(3) La *maison des communs pauvres de la ville* fut fondée
au XVe siècle, elle était située au marché aux poissons, à
l'emplacement actuel de l'Hôpital général qu'elle contribua
à fonder.

(4) Collection DELLOYE, liasse 49.

« *Biliet de Joseph Secourgeon, maistre chirurgien*
des cures qu'il at faict aux boursiers de S^t
Agnès (1), 1686 jusqu'au mois de juin 1687.

— Primo, avoir pensé Sove dun gref (blessure)
à la jambe lespace de quinse jours, et dun mal de
doigt cincq jour, 40 patars.

— Item, avoir pensé Crépin dun mal de doigt,
20 pat.

— Item, avoir pensé Toussin dun apostume
lespace de trois sepmaine avec un mal de doigt,
3 florins.

— Item, avoir pensé Flamen du scorbut à la
bouche et luy avoir apliqué deux chivoine, 30 pat.

— Item, avoir pensé Courcou dun mal au doigt,
20 pat.

— Item, avoir pensé Delchoire dun clou à la
jambe, 15 pat.

— Item, avoir pensé Bardou dun brullure à la
main lespace de trois semain, 40 pat.

— Item, avoir pensé Betune blessé à la lèvre,
24 pat.

— Item, avoir pensé Denis blessé au pied avec
un mal de doigt, 30 pat.

----

(1) La maison de Ste-Agnès, ou Fondation de Notre-Dame,
fut établie, en 1627, par Monseigneur *Vanderburch*, septième
Archevêque de Cambrai, pour l'éducation de cent pauvres
filles de Cambrai, du Cateau et des villages d'Ors et
Catillon.

— Item, avoir pensé Lefer dun apostume au
sain,   45 pat.

— Item, avoir pensé Gallant blessé au doigt,
                                             20 pat.

— Item, avoir pensé Davoine dun mortification
au cropion, com aussi ses visicatoire et ausi de
deux apostume dans les deux oreilles, lespace de
six semain,   10 fl.

— Item, avoir pensé Deneville blessé à la teste
lespace de trois semain,   40 pat.

— Item, avoir pensé Ploion d'un mal de bouche,
mal au doigt et brule à la main lespace de trois
semain,   3 fl.

La somme port 32 florins 10 patars.

Sera paié à maistre Joseph Secourgeon par
Monsieur Guilbert (1), pour toutes ses vacations
partiels, trente florins qui luy seront allouées et
passées et mises de ses comptes.

                              J. BARALLE. » (2).

« *Biliet de Joseph Secourgeon, maistre chirurgien
des cures qu'il at faict aux boursiers de St Agnès
a comancer du mois de juin 1687 juscque a la
fin du mois febvrier 1689.*

— Avoir pensé médicamenté Boidin dun apostume au dos lespace dun mois,

        mois de julet 1687,   5 florins.

(1) *Guilbert* était receveur de la fondation Notre-Dame.
(2) Collection DELLOYE, liasse 49, pièce n° 13.

— Avoir pensé médicamenté Barbieuse dun tumeur phlegmoneuse au genoux lespace de cinque semain,

au mois doctobre,   6 fl.

— Avoir pensé médicamenté Cartie de engeleur au bras et à la main lespace de trois semain,

mois de febvrier 1688,   3 fl.

— Avoir pensé médicamenté Barbieuse de deux ulcères au pied lespace de trois semain,

mois de febvrier,   3 fl.

— Avoir pensé Firmicourt dun tumeur soub le menton lespace de quinse jours,

mois de may,   40 patars.

— Avoir pensé Boidieu dun apostume au genoux lespace d'un mois,   5 fl.

— Avoir pensé Chartie dun bruleur à la jambe lespace de trois semain,   3 fl. 10 pat.

— Avoir pensé Mouton blessé à la teste sur los coronal lespace de six semain,   9 fl.

— Avoir pensé Bavial dun blessure au doigt lespace de quinse jours,   30 pat.

— Avoir pensé Codrier dun tumeur sur la méta-carpe de la main,   3 fl.

— Avoir pensé Delbar dun phlemon au genoux lespace d'un mois,   octobre, 3 fl.

— Avoir pensé Barbieuse de langelur au pied lespace de quinse jour,   febvrier 1689, 50 pat.

Some port 45 florins 10 patars.

Il est ainsi témoin

Antoinette DE LEUVACQ.

Monsieur Guilbert paiera à maistre Joseph
Secourgeon, pour toutes ses vacations, la somme
de quarante deux florins, laquelle somme luy sera
allouée et passée et mise de ses comptes.

J. D. BARALLE.

Receu la susdit de Monsieur Guilbert,

Tesmoin Joseph SECOURGEON ». (1).

« *Bilie de la vefve Secourgeon* (2) *pour avoir pensé*
et médicamenté les boursières de St Agnesse en
Cambray, depuis lan mil six cent nonante cincq
jusque à présent.

— Premièrement avoir pencé Dinan dun mal au
pied lespasse de huit jeour,

1 florins 0 patars 0.

— Item avoir pencé Queulin dun mal au nes
lespasce de douze jeour,   1 fl. 10 pat. 0.

— Item avoir pencé Delpiere dune extortion au
pied lespasce de dix ou douze jeour,

2 fl. 0 pat. 0.

— Item avoir pencé Derode dune blaissure à la
teste lespace dun mois,   5 fl. 0 pat. 0.

— Item avoir pencé Oviard dune contusion à la
tette lespasce de douze jeour,   1 fl., 4 pat., 0.

---

(1) Collection DELLOYE, liasse 49, pièce n° 6.

(2) La veuve Secourgeon a continué la profession de son
mari pendant un certain temps ; nous avons d'elle plusieurs
« biliets ».

— Item avoir pencé Gibo dune appostume aux reins lespasce de quinze jeour,   3 fl., 0 pat., 0.

— Item avoir pencé Plouvié dune ulcère à la gambe lespasce dun mois,   6 fl., 0 pat., 0.

— Item avoir pencé Saladin dune appostume lespasce de huit jeour,   1 fl., 4 pat., 0.

— Item avoir pencé St Aubert dun mal à la main lespasce de douze jeour,   1 fl., 10 pat., 0.

— Item avoir pencé Clinepanice dun mal à son cotté lespasce de dix ou douze jeour,

1 fl. 4 pat. 0.

— Item avoir pencé Saladin dune appostume au baventre lespace de dix jeour,   2 fl. 0 pat. 0.

La somme porte 25 fl. 12 pat. 0.

Il est ainsy,   témoing Marie Anne GÉREZ.

Le sieur Guilbert, receveur de la fondation, poura payer des deniers de son entremise la dite some de 25 fl. 12 pat. et moienant quittance luy sera aloués dans les mises de ses comptes.

Fait le 2 de septembre 1697.

C. De la BAMAIDE.

Receu la ditte som, la veuve SECOURGEON. » (1).

« *Mémoire des vaccations faites par le soussigné pour les boursières de Ste Agnès, pendant l'année 1743 et le commencement de cette année.*

— Premièrement, le premier du mois de juin

___
(1) Collection DELLOYE, liasse 49, pièce n° 16.

1743 j'ay commancé de panser Henaut d'un engor-
gement des glandes parotides de chaque cotté qui
a duré trois semaines.   3 florins.

— J'ay commencé de panser Ployon le 20 juin
d'un abscé froid situé à la partie supérieure externe
de la cuisse près de la hanche, dont la matière
étoit sous le muscle de cette partie qu'il m'a fallu
ouvrir dans toute son étendue que j'ay fini de
guérir le 10 septembre 1743. Pour l'opération et les
pansemens qui ont été souvent deux fois par jour,
je dois avoir gagné en concience vingt écus, je
m'en referts aux sentimens équitables de Messieurs
les Administrateurs.   20 écus.

— J'ay pansé Henin pendant un mois d'un œil
dont elle ne voioit plus, je luy ay fait suppurer un
vessicatoire pendant tout ce tems en luy ordonnant
les remèdes convenables tant internes qu'externes,
                                              4 fl.

— J'ay pansé Copin pendant trois semaines
d'une playe au pied.   3 fl.

— J'ay fait une infinité de visittes tantot à l'une
tantot à l'autre que je ne met jamais en notte et
dont je ne demande rien, M^{rs} la Suppérieure et
Robiquet le certifierons.

Fait à Cambray le 1er de may 1744.

LAMONINARY.

Bon pour 48 florins, ce 15 juillet 1744.

BUAU.

Reçu quarante-huit florins de Monsieur OUDAR de Cambrai, le 7 septembre 1745.

LAMONINARY. » (1).

« Mémoire des pansements que j'ay faits
aux boursières de S¹ Agnès, pendant l'année 1744.

— J'ay pansé Copin d'une plaie au pied pendant trois semaines,   4 florins 16 patars.

— Le 7 janvier 1745 j'ay pansé Patou d'une plaie à la teste avec contusion au péricrane accompagné de vomissemens et fièvre continue, pour laquelle elle a été saigné sept fois et que j'ay pansé et vû deux fois la journée, pendant vingt-cinq jours ; pour le traitement,   12 fl. 12 pat.

— Le 31 may j'ay commancé de panser Marie Barbe d'une squinancie pour laquelle elle a été saigné quinze à seize fois, tant du pied, du bras que des veines de la langue ; j'ay fini de la panser le 15 juillet ; je lay vû dans le commencement trois à quattre fois la journée à cause du péril de mort ou elle étoit, j'ay réduit les visittes dans le milieu à deux la journée ; pendant ce tems je luy ai scarifier trois fois les glandes amigdalles, et le 20 juin je luy ai ouvert un abscès au col qui a suppuré jusqu'au quinze juillet ; pour les opérations, pansemens, et visittes,   30 fl.

— Le 2 juin j'ay commancé de panser Guiot dune playe au pied qui a duré jusqu'au dix du même mois,   2 fl.

(1) Collection DELLOYE, liasse 49, pièce n⁰ 51.

Reçu de M. Oudar le contenu du dit billet de 48 florins, à Cambray le 7 septembre 1745.

Lamoninary,

Chirurgien aide-major du Roy. » (1).

Avant de clore ce chapitre, nous n'avons plus qu'une chose à dire, c'est que les chirurgiens-barbiers avaient le même privilège que les médecins et les apothicaires, pour le payement de leurs honoraires : « Le premier clamant sur les biens d'un detteur est préféré aux autres postérieurs clamants : si ce n'est que les biens du dit detteur soient abandonnez et délaissez en déconfiture.

La nécessité qu'on a des médecins, apotiquaires, chirurgiens et barbiers, donne ce rang entre les dettes privilégiées à leurs salaires et payement de leurs drogues et médicaments fournis pendant une maladie. » (2).

---

(1) Collection Delloye, liasse 49, pièce n° 47.

(2) Pinault et Des Jaunaux. *Coutumes générales de la Ville et Duché de Cambray, 1691. — Médecins privilégiés pour leurs salaires.*

CHAPITRE XIII

Les Chirurgiens vis-à-vis de l'autorité.

Dès les temps les plus reculés, on a pu voir — c'est un fait dûment constaté — l'autorité administrative et judiciaire recourir aux lumières de la médecine ou de la chirurgie, toutes les fois qu'elle avait besoin d'être éclairée sur différentes questions d'hygiène publique, de vie, de mort, de santé ou de maladie, de mentalité, d'attentats ou de criminalité.

En maintes circonstances, les juges, afin de pouvoir porter leur sentence en toute équité, furent obligés d'attendre les décisions du médecin ou du chirurgien, les seuls capables, en raison de leurs connaissances spéciales, de fournir les renseignements nécessaires.

C'est principalement — et personne ne s'en étonnera — à propos de coups et de blessures que nous voyons l'autorité Cambrésienne réclamer l'intervention du chirurgien.

« Nos pères — au dire d'un historien de Cambrai (1) — avaient l'humeur fort turbulente : le ciel lourd et brumeux du Nord qui semble aujourd'hui peser sur les esprits flamands, n'avait,

(1) Eugène Bouly. *Histoire de Cambrai et du Cambrésis*, Chap. IV, page 79.

paraît-il, aucune influence sur eux. Le bruit, la bière, les tavernes et l'amour étaient leurs éléments. »

Autant les Cambrésiens sont calmes aujourd'hui, autant ils étaient jadis turbulents, batailleurs et amis du désordre. Il n'était pas rare d'entendre le soir, dans quelque carrefour obscur, lorsque le couvre-feu avait tinté, il n'était pas rare d'entendre le cliquetis des épées et les cris des blessés ; puis, quand on s'était bien battu, vainqueurs et vaincus regagnaient tant bien que mal leur logis, sans que la police s'en préoccupât davantage, malgré les graves et déplorables conséquences que ces corps-à-corps et ces chamailles amenaient parfois.

Pour mettre un frein à ces rixes qui se produisaient par trop fréquemment, le magistrat avait élaboré un règlement sévère qui enjoignait aux chirurgiens de lui faire connaître les noms des blessés auprès desquels ils seraient appelés :

« Come souvent de fois advient des querelles et débats en ceste ville et banlieu, tant de jour que de nuicts, ou aulcunes personnes recoivent des blesses (blessures), et aultres vont de vie à trespas sans que la cognoissance en vienne à Messieurs du Magistrat, scitost ladvénement desdits débats et querelles, pour en donner la correction condigne aux desmérites des délinquans, mes dites sieurs, pour à ce remédier, ont fait appeller en plaine chambre les chirurgiens de la dite ville, et leur faict comandement de à l'instant qu'ils seront requis de quelque personne d'aller médicamenter quelque blessé, on donne advertance aux Esche-

vins Sepmaniers, au moins à ung d'iceulx, sur
paine contre celuy ou ceulx qui négligeront de
donner la dite advertance, d'escheoir en une
amende de douze livres ts (tournois) applicable à
la volonté de mes dits sieurs.

Faict en ladite chambre, 28ᵉ jours de mars 1647.

(Signé) MAIRESSE. » (1).

Soit par négligence ou mauvaise volonté, les
chirurgiens ne s'empressaient guère d'obéir à cette
injonction ; aussi fallait-il souvent les rappeler à
l'ordre (2). Le Magistrat lui-même — si nous nous
en rapportons à la lettre qui va suivre — était
réprimandé s'il oubliait de sévir.

« Messieurs,

Un habitant de votre ville (Cambrai) ayant été
blessé la nuit du 2 juillet par des quidams qu'on a
sceu depuis estre des gendarmes, il vous a porté
des plaintes sans qualifier ceux qui l'ont blessé,

---

(1) *Arch. Com.* B. B. 2. Livre aux ordonnances, fol. 291,
verso.

(2) « Sur la plainte faicte en plaine chambre que les
maîtres chirurgiens négligent, lorsqu'ils ont quelques
blessés, d'en faire rapport à Messieurs du Magistrat, mes
dits seigneurs ayant evocquez les mayeurs du dit corps de
mestier, leurs ont ordonné et enjoint de faire rapport des
blessés qu'ils auront à l'avenir, immédiatement après avoir
pensé les blessés soit de jour soit de nuict, à peine d'amende
arbitraire.

Fait en plaine chambre le 23ᵉ Aoust 1683.

Tesmoin, Michel LOBRY. »

Arch. Com. H. H. 10, Police nᵒ 1. Règlemens des corps
de métiers de Cambray, fol. 133, verso.

mais sitôt que vous avez été informé que c'étoit des gendarmes, vous n'auriez pas dû passer outre à l'information, sans appeler un officier de l'Etat-Major suivant la règle ordinaire. Je suis informé aussi, Messieurs, que le chirurgien qui a pansé l'homme qui a été blessé n'en a point averti M. de Laurière, commandant de la citadelle de la ville, et dès qu'il souhaite d'estre averti en pareille occasion, les chirurgiens ne peuvent pas s'en dispenser, et vous pouvez les avertir que s'ils manquaient à exécuter ses ordres, ils s'exposeraient à être punis.

Je suis avec un sincère et parfait attachement,

Messieurs,

Votre très humble et très obéissant serviteur,

De Francqueville,

Intendant de Flandre.

Lille, 13 juillet 1731. » (1).

Tout chirurgien était susceptible d'être appelé par le Magistrat pour procéder à des expertises légales ; généralement cette aubaine — en était-ce une ? — revenait aux chirurgiens pensionnaires.

Les archives communales de Cambrai nous ont conservé quelques données sur les émoluments touchés par les chirurgiens, pour diverses réquisitions. En effet, nous lisons dans le registre des recettes et des comptes de l'année 1530, cette mention :

(1) *Arch. Com.* E. E. 105.

« A maistre Pierre Pillois et Jehan Despierres, cirurgiens, pour avoir esté au lieu du mont de Sainct-Géry (1), visiter ung josne enffant mort, que l'on avoit porté sur le dict mont en terre, affin de scavoir si le dit enffant avoit esté bleschiet ou navré à mort. . . . . . . XX sols. » (2).

Dans un autre registre, analogue au précédent, celui de 1600, nous trouvons une indication du même genre :

« A honorables hommes M. Michel Cresteau, docteur en médecine, M. Jehan Guillebert, Nicolas Lamelin et Jehan Alexandre, cirurgiens, pour leurs paines et salaires par eulx acquis, davoir à l'ordonnance de Messieurs, ouvert le corps mort de feu M. Jacques Lefebvre et visité icelluy, affin d'avérer s'il estoit mort de poison à luy baillé, X l. 1 fl. » (3).

Plus tard, dans le registre de 1682 :

« A Maistre Jehan Alexandre, cirurgien, pour avoir visité le coup mortel inféré au corps du filz de François Boulanger occy la nuict passée.

xx sols. » (4).

---

(1) La ville de Cambrai se trouve construite sur le versant d'une colline dont le sommet, aujourd'hui couronné par la citadelle, portait autrefois le nom de *Mont-des-bœufs*, puis celui de *Mont-St-Géry* à la suite de l'érection, en 595, d'un monastère en l'honneur de ce saint, qui fut non seulement un des évêques mais un grand protecteur de notre cité.

(2) *Arch. Com.* C. C. 129, fol. 20.

(3)   *Id.*   C. C. 202, fol. 66.

(4)   *Id.*   C. C. 210, fol. 89.

Chaque fois qu'un chirurgien devait faire une expertise, il était tenu de prêter serment devant le Magistrat. Ce serment était ainsi formulé :

« L'an. . . . ce . . . .

Par devant nous . . . . .

Est comparu X. chirurgien de cette ville, en exécution de notre ordonnance de ce jourd'hui, lequel a fait serment de bien et sa conscience visiter. . . . . et de nous en faire un fidèle rapport. » (1).

Tout rapport en chirurgie étant une des pièces les plus importantes d'une procédure criminelle, capable de déterminer les juges à prononcer des arrêts plus ou moins rigoureux, les chirurgiens commis pour cette affaire devaient y apporter toute l'attention possible et s'en acquitter avec autant d'intelligence que de probité.

Le Magistrat de Cambrai fut un moment menacé de perdre le privilège de nommer des chirurgiens pour faire les rapports de justice : En effet, le roi Louis XIV, par son édit de février 1692, non seulement modifia les conditions d'admission à la maîtrise, mais aussi l'assistance aux rapports des malades et des blessés, par la nomination de deux chirurgiens jurés. Cette nouvelle charge fut établie « en titre d'offices formés et héréditaires avec le même nombre d'emplois et tous les privilèges

_____

(1) Collection DELLOYE, liasse 49, pièce n° 77.

accoutumés » (1), moyennant une certaine somme
à payer.

Les chirurgiens se trouvant dans l'impossibilité
de se soustraire à ce nouveau genre d'impôt, que
faire ? Ne pouvant franchir l'obstacle, ils le
tournèrent du mieux qu'ils purent. Désireux avant
tout de conserver leur liberté, ils cherchèrent à
transiger en s'offrant d'acquitter un droit afin de
pouvoir eux-mêmes procéder à la nomination des
chirurgiens experts. Cette proposition, loin de
déplaire au Roi, fut agréée sur le champ, mais à
des conditions très onéreuses. Les chirurgiens
durent passer par là, non sans maugréer, et
continuèrent, dès lors, à tour de rôle, à faire les
rapports comme par le passé.

Un heureux hasard nous ayant permis de
retrouver plusieurs spécimens de rapports rédigés
par d'anciens chirurgiens, nous nous empressons
d'en reproduire un choix, ne serait-ce qu'à titre
de curiosités.

Dans le premier rapport que nous allons citer,
il s'agit d'un brave bourgeois de la ville qui, s'en
retournant le soir chez lui accompagné de sa
femme, fut assailli par quatre gendarmes en
goguettes et reçut quelques coups. Attirée par les
cris de la victime la garde accourut, mais ne
parvint qu'à mettre en fuite les agresseurs.
Semblable incartade ne pouvait rester impunie,

(1) Voir à ce sujet : Du même auteur, *La vente des
charges et les corps de métiers à Cambrai en 1697* ; puis,
l'Edit du roi, pièce justif. nº 4.

aussi avant d'exercer des poursuites, un médecin
et un chirurgien furent-ils mandés pour examiner
l'état du blessé ; voici en quels termes ils rendirent
compte de leur visite.

« A Messieurs M. du Magistrat de la ville,
cité et duché de Cambray.

Nous Guilliaume de Boufflers, médecin juré et
pensionnaire de cette ville, et Jacques Lefebvre,
maistre chirurgien juré, par vous Messieurs
nommés d'office, après le serment prêté ce
jourd'huy 4 juillet 1731, nous nous sommes transportés dans la maison de Charles Leduc, demeurant
dans la rue de St-Georges, ou estans l'avons
trouvez couché sur son lit dans une chambre
basse ayant veue sur la rue, la teste enveloppé ;
ayant oté l'appareil, nous avons reconnus une
playe ouverte d'un travers de doigt de longueur,
dessus la partie postérieure du pariétal gauche,
laquelle blessure nous a paru estre faite par un
instrument tranchant et contondant, laquelle est
sans danger présentement ; de plus, nous déclarons
avoir trouvé une autre playe au poignet gauche
transversallement, faite par un instrument tranchant superciellement sans danger aussy ; ce que
nous certifions en nos consciences estre véritables.

En foy de quoy, nous avons signé ce présent
rapport.

G. DE BOUFFLERS, Jacques LEFEBVRE.

4 Juillet 1731. » (1).

(1) *Arch. Com.* F. F. 107. Procédure criminelle devant
l'échevinage.

Le rapport qui suit fut rédigé au sujet d'un individu trouvé mort sur la voie publique, à la suite de strangulation :

« Messieurs M. du Magistrat de la ville, cité et duché de Cambray.

Nous Guilliaume de Boufflers, médecin juré et pensionnaire, et Jacques Lefebvre, maistre chirurgien juré, par vous Messieurs nommez d'office pour visitter le corps mort de Michel Frémy, après le serment fait par nous suivant l'acte d'aujourd'huy, cinquième de février 1733, nous nous sommes transporter en un lieu dit le jardinet de l'hôtel de ville ou estans nous avons trouvez le dit cadavre couché sur un baiard (brancard) ; il paroissoit avoir eu le nez écrasé par quelque chose de dur, deux légères excoriations : l'une à chaque pomette, paressoient avoir accompagnez le même coup.

Nous le trouvames avec une cravatte de crespon noir fort serré sans estre cependant noué ; la peau qui en avoit esté pressée en conservait les plis, elle estoit livide en plusieurs endroits de la circonférence du col, et la tumeur que forme le larynx qu'on nomme vulgairement le morceau d'Adam estoit fort applati.

Ayant ouvert la peau du col, et n'y ayant rien trouvé que de naturel, nous enlevames la trachéeartère, l'union des cartilages qui forment le larynx estoit rompue en plusieurs endroits : l'intérieur en estoit naturel excepté dans les lieues ou les angles des dits cartilages avoient fait effort, et comprimez les membranes qui leurs servent d'attache, là il y avoit inflammation.

Les tégumens de la teste étoient entiers ; le crane enlevé n'avait aucune atteinte ; la dure mère ne portoit aucun signe d'altération hors dans les sinus qui estoient fort remplis de sang. Les vaisseaux qui tapissent la pie-mère estoient extérieurement engorgez et les lymphatiques qui rampent sur sa surface intérieure rompus, ce qui se voioit par une légère hydropisie entre cette membrane et le cerveau ; ce qui prouve en quelque façon que cet homme a esté étranglé. Le reste du corps nous a paru sain ; pourquoy nous avons dressez nostre présent rapport que nous certifions en nostre conscience estre véritable.

En foy de quoi.....

G. DE BOUFFLERS, Jacques LEFEBVRE. » (1).

Nous terminerons ce genre de citations par un rapport sur un cas de submersion :

« L'an 1785, le 20 mars à 6 heures du soir, nous Philippe Joseph Courtin, médecin de l'hôpital militaire de Cambray, et Jacques Lefebvre chirurgien juré de cette ville, par vous Messieurs requis pour aller visiter Mademoiselle Françoise Dechy, chez Mr Dechy son frère, négociant, rue des Capucins, nous sommes transportés en la maison du dit sieur Dechy et sommes entrés dans une chambre haute ayant vue sur le jardin, ou nous

(1) *Arch. Cqm.* F. F. 107. Procédure criminelle devant l'échevinage.

avons trouvé la sus dite demoiselle Françoise
Dechy, étendue sur un matelat, morte, et qu'on
avait retiré du puit appartenant à sa maison, et
après serment par nous prété es mains de Monsieur
Fauville, échevin et commissaire en cette partie,
nous avons examiné la sus dite demoiselle Dechy
et luy avons trouvé l'épiderme emporté au front,
de la grandeur d'un écu, des echimoses aux deux
jambes, le long du tibia et un dérangement aux
vertèbres cervicales, lesquelles blessures occasionnées par la chûte dans le puit, jointes à la
submersion, luy ont causé une mort inévitable.

En foy de quoi nous avons signé le présent
procès verbal à Cambray, le jour, mois et an que
dessus.
P. COURTIN, J. LEFEBVRE. » (1).

Les chirurgiens n'étaient pas seulement requis
pour éclairer la justice dans les affaires criminelles,
il y avait aussi pour eux obligation — nous l'avons
vu déjà dans les chapitres qui précèdent — de
signaler à qui de droit tous les cas d'affections
contagieuses, de faire la déclaration des accouchements auxquels ils présidaient et de dénoncer les
avortements.

On les consultait également pour tout ce qui
regardait l'hygiène publique et sur les mesures à
prendre pour assurer la salubrité.

Voici par exemple un cas peu banal, à propos
duquel nous voyons nos chirurgiens donner leur

_____

(1) *Arch. Com.* F. F. 108. Justice criminelle.

avis : On se rappelle avec quelle sévérité le
Magistrat surveillait la qualité des viandes de
boucherie notamment des viandes de porc ; nous
en avons une nouvelle preuve dans un procès que
nous nous en voudrions de ne point citer, tel qu'il
est rapporté dans le recueil de procédures criminelles :

« Estant venu à la cognoissance de Messieurs du
Magistrat de cette ville de Cambray, que le sieur
Anthoine Blondel, bourgeois brasseur en icelle,
nourissoit quantité de cochons, dans certaine
maison qu'il tient à louaige, au marché au poisson,
appellée la maison grand marchand, auxquels il
faisoit manger la chaire des chevaux morts,
Messieurs ont ordonné que visitte seroit incessament faite en la dite maison par Messieurs les
Prevost et Eschevins sepmaniers, lesquels s'estant
à l'instant transportez en la ditte maison, ont
trouvez le nombre de dix-sept cochons assé grands,
six desquels estoient allentour de la charoine d'un
cheval nouvellement escorché, qu'ils mangeoient
avec grande avidité, dans la cour où il y avoit
une grande puanteur, les auttres estans dans
l'estable de la dite maison, ayans veuz et fort bien
remarcquez qu'il y avoit encore divers auttres
carcasses et os de bestes parsemez et entrelaschez
dans le fumier de la dite cour, de tout quoy, ils
ont fait dresser le présent procès verbal qu'ils ont
signez le 17 de janvier an 1692. » (1).

(1) *Arch. Com. F. F. 106.* Procédure criminelle devant
l'échevinage.

Les chirurgiens consultés sur les faits que nous venons d'exposer donnèrent cet avis :

« Nous chirurgiens soubsignées sont davis que la chair de cochon qui est telle mesme mal sainne et se défend aux blessez, la doibt estre bien plus quand ils sont nouris de méchante nouritur telle que de charogne de beste morte de maladie, et il est sur que seroit exposer ceuxls quy en mangeroient a devenir malade, et l'on ne peut obvier à cela quand les faisants nourir de bonne nouriture pendant plusieurs mois.

DEHORNE, François DENISE,

Antoine CROEFER. » (1).

Et, comme s'il ne suffisait pas d'avoir cet avis, on demanda aux médecins ce qu'ils en pensaient ; ces honorables praticiens ne purent, bien entendu, que confirmer le dire des chirurgiens :

« Les médecins Bourdon, Oudar Leloir, Bourdon fils sont également d'avis que ce seroit exposer les personnes a des maladies qui dans la suitte pourroient devenir épidémique et causer la peste de plusieurs et qu'on peut éviter ce risque en changeant la nourriture de ces animaux pendant plusieurs mois. » (2).

En présence d'une opinion si unanimement catégorique, les conclusions étaient toutes indi-

---

(1) *Arch. Com.* F. F. 106. Procédure criminelle devant l'échevinage.

(2)   *Id.*   *Id.*

quées, c'est ce que fit voir le magistrat dans son arrêté :

« Entendu par Messieurs du Magistrat le rapport verbal de Messieurs le Prévost et échevins,entendu l'aveu de Blondel, la déposition des témoins et l'avis des médecins et des chirurgiens de la ville, Messieurs, faisans droit pour police, ont ordonné et ordonnent que les dits cochons en nombre de dix-sept demeureront sequestrez et enfermez dans une estable pour y estre nourys de bonne nouriture à la garde d'Augustin, establez et sermenté à cest effect, tant et sy longtemps qu'ils se trouveront hors d'état de nuire au corps humain, deffendant au dit sieur Blondel de s'en déffaire sans permission de cette chambre, le condamnant de comparaistre en plaine chambre pour y estre admonesté en l'amende de trente pattacons (1) et aux dépens de la procédure.

Fait en plaine chambre le 25 janvier 1692.

Michel Lobry. » (2).

Qu'on vienne dire après cela que nos pères n'avaient pas d'hygiène !

Nous trouvons encore un de nos chirurgiens, en 1779, intervenir dans la question si importante de la translation des cimetières hors de l'enceinte de la ville (3).

---

(1) *Patacon*, pièce de monnaie en usage à Cambrai, aux XVIe et XVIIe siècles. Le patacon valait 48 patars ou 60 sous tournois.

(2) *Arch. Com.* F. F. 106. Procédure criminelle....

(3) Avant 1786 — date de la translation des cimetières hors de l'enceinte de la ville — chaque paroisse de Cambrai avait

Autrefois, d'après un usage alors général, on enterrait les morts à l'intérieur de la ville même, autour des églises, et il est aisé de concevoir les dangers auxquels la population était exposée, par suite de l'exhalation de miasmes putrides qui émanaient de tous ces endroits, par trop restreints et par suite insuffisants.

Dans le but de sauvegarder la santé publique, le Roi édicta, le 23 juin 1779, une ordonnance pour transférer les cimetières hors des villes.

Le parlement de Douai intervint alors pour engager le Magistrat de Cambrai à nommer un médecin et un chirurgien chargés, en qualité d'experts, d'examiner les cimetières des paroisses pour voir s'ils pouvaient demeurer tels quels, et, dans le cas contraire, de décider s'il serait possible d'établir un cimetière sur les glacis de la citadelle.

Voici quel fut le résultat de l'expertise :

« Nous Philippe Courtin, médecin de l'hôpital militaire, et Jacques Lefebvre, chirurgien de la ville de Cambray, certifions à tous qu'il appartiendra que pour suppléer à l'insuffisance des

---

son âtre ou cimetière, entouré de grandes bornes qui en laissaient libre l'accès aux fidèles, et qui suffisaient cependant pour en indiquer la clôture et les signaler au respect public. Les cimetières, à cette époque, étaient au nombre de neuf : il y avait le cimetière de *St-Vaast*, de *St-Eloy*, de *Ste-Elisabeth*, de *St-Fiacre* — (établi en 1265 pour remplacer deux plus anciens cimetières, ceux de Ste-Croix et de St-Nicolas, devenus trop petits et mal situés) — de *St-Martin*, de *St-Georges*, de *Ste-Marie Magdelaine*, de *St-Aubert* et de *Notre-Dame*.

cimetières de la dite ville, qui augmentera néces-
sairement par la suppression des uns pour le tout,
et des autres en partie, et laisser le tems aux
autres cimetières de le purifier et consolider la
terre, il y a une grande nécessité d'en ériger un qui
soit commun, et que dans l'enceinte et au nord de
la ville, ou on ne scauroit mieux le placer pour la
décence et la salubrité de l'air, qu'auprès du
calvaire, entre le chemin qui conduit à la citadelle
et celui qui conduit au parc d'artillerie, attendu
que le terrain qui est très élevé domine sur toute
la ville, et très éloigné de toute habitation, que
l'air y a accès de toute part, et que les arbres qui
entourent cet endroit en sont assez éloignés, ce
qu'on ne scauroit trouver dans tout autre endroit
de la ville, pas même sur l'esplanade vers la porte
neuve qui est dominé de toute part et pu propre
à un pareil usage.

Certifions au surplus que s'il étoit question
d'établir aussi un cimetière au nord et au dehors
de la ville, on ne pouroit mieux le placer qu'en
deça du cimetière de St Roch, entre les deux
chemins qui conduisent à ce cimetière et à la
chapelle qui y existe, lequel endroit est éloigné de
toute habitation, sec et ou l'air a un libre accès de
toute part, et qu'on ne voit pas dans tout le contour
de la ville un terrein plus propre que celui-là.

En foy de quoy, nous avons signé le présent
certificat. A Cambray le 5 Décembre 1779.

COURTIN, *méd.* J. LEFEBVRE, *chir.* » (1).

---

(1) *Arch. Com.* D. D. 35, nos 6 et suivants. Cimetières.

A la suite de cette consultation le Magistrat prit la décision suivante :

« Comme on ne peut pas absolument éloigner ce cimetière de la ville, il paroit que le terrein situé à la droite de la chaussée de Valenciennes, en face la barrière de la porte Notre Dame (1), est le seul propre à cet usage ; il réunit tous les avantages nécessaires tant par la proximité que la nature de son sol. » (2)

Les services que rendaient les chirurgiens à l'autorité, comme on vient de le voir, les dispensaient-ils de certaines charges ? D'aucuns se l'imaginent peut-être, mais ils se trompent. Sans compter les dépenses pour les fêtes civiles et religieuses, ils étaient encore soumis aux tailles et aux impôts extraordinaires — nous venons du reste d'en parler — que le Roi décrétait pour soutenir le maintien des armements, les frais énormes de la guerre, les grands travaux de fortifications, les pensions et les gratifications, l'entretien fastueux des bâtiments royaux, les ruineuses prodigalités de la cour, etc., etc. Aussi les chirurgiens trouvant le fardeau un peu trop lourd, adressaient-ils de fréquentes suppliques, soit pour obtenir une exemption d'impôts, soit pour se créer de nouvelles ressources.

A l'appui de cette allégation, voici un document qui n'est point dépourvu d'intérêt :

(1) A l'emplacement actuel du cimetière de St-Géry.
(2) *Arch. Com.* D. D. 35, 1779.

« A Messieurs M. du Magistrat de la ville,
cité et duché de Cambray,

Remontrent en toute humilité les maistres jurez
chirurgiens de cette ville qui, par autorité de vos
Seigneuries, ils auroient le 28 du mois de septembre
l'année 1693, pris à cours de rente de maistre
Pierre Fuzeliez, leur confrère, la somme de douze
cent florins, dont ils lui ont passé obligation par
devant notaire, avec promesse de donner hypo-
tecque à son appaissement, et comme ledit argent
estoit pour subvenir à une demande que le Roy
faisoit à leur communauté, et que pour cette
raison, il n'est que trop juste que ce soit la
communauté qui soit chargé de cette vente et non
chacun des remontrans en particulier. A ces
causes ils auroient acheté pour ladite communauté un certain fond de terre à effect de
l'hypotecquer pour seureté de la dite rente, et affin
que la chose soit d'autant plus ferme et stable, les
remontrans s'adressent à vos Seigneuries, pour
qu'il leur plaise de les autoriser (1), de passer
procuration aux mayeurs de leur communauté à
effect de ratifier ledit achapt, d'en prendre
l'adhéritance (héritage) au nom d'icelle de la partie
acheptée et d'en passer audit Fuzeliez tous les
debvoirs de loy nécessaires pour valider la dite
rente. » (2).

(1) Les communautés ne pouvaient pas faire d'emprunt
ou d'achat sans l'autorisation du Magistrat.

(2) *Arch. Com.* H. H. 28, nᵒ 43.

En retour pourtant de leur dévouement à l'intérêt général, les chirurgiens jouissaient-ils au moins de quelque considération auprès des pouvoirs publics ? C'eût été de toute justice, mais ce qui est juste, et même rigoureusement juste, ne s'accomplit pas toujours, tant s'en faut ; constatons-le une fois de plus : les préjugés que l'on conservait à leur égard les tenaient éloignés des charges honorifiques qui auraient pu les relever, comme ils le méritaient, aux yeux de leurs concitoyens. Aussi, en 1679, les voyons-nous demander au Roi qu'on leur octroie la qualité de notables bourgeois, puis ensuite qu'on veuille bien les admettre aux offices municipaux, aux charges d'échevins.

Bien que cette requête n'eût rien d'excessif, elle ne fut pas exaucée. On répondit que la ville ferait tout ce qui dépendrait d'elle pour les récompenser de leur dévouement, mais qu'il était impossible de les admettre aux charges publiques parce qu'ils accomplissaient « une profession méchanique ».

Malgré les sentiments de bienveillance dont le Magistrat était animé à l'égard des chirurgiens — nous en avons eu maintes fois la preuve dans le cours de ce mémoire — ce même Magistrat affectait trop souvent, il faut bien le dire, de regarder les chirurgiens comme de simples artisans. Un simple fait que nous allons rapporter suffira pour nous en convaincre : De tout temps, les chirurgiens-barbiers étaient dispensés du service du guet, service imposé à tous les bourgeois et manants de la ville. Or, en 1756, le Magistrat,

16

contrairement à ce qui avait toujours eu lieu jusqu'alors, voulut réclamer aux chirurgiens huit livres pour subvenir aux frais de leur remplacement (1). Les chirurgiens, tout naturellement, s'élevèrent contre cette innovation en écrivant au Magistrat :

« A Messieurs M. du Magistrat de Cambray,

Remontrent très humblement les lieutenants, corps et communauté des maistres chirurgiens de cette ville, que contre l'usage et par une nouveauté indigne de leur art libéral, on veut les confondre avec les corps de métier et leur faire payer leur cotte part des frays de milice ; on se contente de leur demander huit livres pour les années 1755 et 1756, tandis qu'ils n'ont jamais payé un sol, et qu'il n'y a ny loi ny ordonnance qui les y contraignent, ainsy il croit même d'une conséquence dangereuse, tant pour eux que pour leurs successeurs d'acquitter les droits dont ils sont exempts par l'exercice d'un art libéral et si utile à tout le monde ; aussi jamais le souverain n'a prétendu confondre avec les corps de métier un art qui est aujourd'huy en si grande réputation, et fondés sur ces raisons et sur celles qui n'échaperont point

---

(1) Tous les bourgeois et manants de la ville de Cambrai devaient, suivant l'expression d'alors, exercer les fonctions de la garde bourgeoise. Il n'y avait d'exception que pour ceux qui remplissaient certains services, encore ceux-là étaient-ils obligés de se faire remplacer à leurs frais.

Les chirurgiens, exposés à être appelés à tout instant du jour et de la nuit, étaient dispensés et du service et des frais de remplacement.

aux lumières pénétrantes de vos seigneuries, ils se
retirent vers vous, Messieurs, ce considéré, il vous
plaise, vue la notoriété de leur exemption fondé
sur le silence des ordonnances et une possession
constante, les décharger du payement de pareils
droits. Défence à quelque personne que ce soit
de les y troubler aussi longtemps qu'ils n'auront
point sur cela d'ordres positives de la cour, et ils
ne cesseront d'employer leurs travaux et leurs
veilles à la perfection d'un art libéral si utile à la
société. » (1).

Voici ce qui leur fut répondu :

« Revue la présente requête et ouie les parties
en pleine chambre, Messieurs du Magistrat déclarent sujets au paiement des frais de la milice les
chirurgiens qui au-dessus de leur art font le métier
de barbier, soit en razant, coupant les cheveux
ou poudrant les perruques publiquement, sans
dépens.

Fait en pleine chambre, 23 Avril 1756.

LEMOINE, DOUEZ, comm. jurés. » (2).

C'est bien tard — vers le milieu du XVIII· siècle
seulement — que la situation sociale des chirurgiens fut un tantinet rehaussée, et c'est surtout au
roi Louis XV que revient l'honorable initiative de
cet heureux changement. Considérant en effet les
progrès accomplis dans la chirurgie et les immenses

(1) *Arch. Com.* H. H. 28, n° 28.
(2)   *Id.*   *Id.*

services rendus par ceux qui pratiquaient cette branche importante de l'art de guérir, ce monarque voulut que la chirurgie fût mise au rang des arts scientifiques et libéraux.

Ayant été ensuite à même de constater que les distinctions (1) accordées par lui à ceux qui s'étaient dignement acquittés de cet art, ne suffisaient pas pour donner au public toute l'estime qu'il devait en avoir, il publia des lettres patentes, le 10 Août 1756, par lesquelles sa majesté manifesta son vif désir de rendre à la chirurgie le lustre et la considération qui lui étaient dus, en accordant aux chirurgiens les privilèges énoncés dans le dispositif suivant :

« A ces causes.... nous.... ordonnons que les maîtres en l'art et science de chirurgie des villes et lieux où ils exerceront purement et simplement la chirurgie, sans aucun mélange de profession méchanique, et sans faire aucun commerce ou trafic, soit par eux ou par leurs femmes, seront réputés exercer un art libéral et scientifique, et jouiront en cette qualité des honneurs, distinctions et privilèges dont jouissent ceux qui exercent les arts libéraux. Voulons et entendons que les dits chirurgiens soient compris dans le nombre des notables bourgeois des villes et lieux de leur résidence, et qu'ils puissent à ce titre être revêtus des offices municipaux des dites villes dans le même

---

(1) Le roi avait accordé des lettres de noblesse à de la Peyronie, et il avait réservé quatre places dans l'ordre de St-Michel, pour ceux qui se distingueraient dans la suite, etc.

rang que les notables bourgeois. Défendons de les comprendre dans les rôles d'arts et métiers, ni de les assujettir à la taxe de l'industrie, et seront lesdits chirurgiens exempts de la collecte, de la taille, de guet et garde, de corvées et de toutes autres charges de ville et publiques dont sont exempts, suivant les usages et règlemens observés dans chaque province, les autres notables bourgeois et habitans des villes et lieux où ils auront leur établissement. Permettons aux dits chirurgiens d'avoir un ou plusieurs élèves, soit pour être aidés dans leurs fonctions, soit pour les instruire dans les principes de chirurgie, lesquels élèves au nombre de deux, seront exempts de tirer à la milice, le tout à la charge, tant par les dits maîtres que par leurs élèves d'exercer purement et simplement la chirurgie. » (1).

(1) Enregistrées au Parlement de Paris le 7 Septembre 1756.

CHAPITRE XIV

La confrérie des Chirurgiens.

Tout en s'occupant activement des intérêts
matériels de leur communauté, les chirurgiens
— il convient de le dire à leur honneur — n'avaient
garde d'oublier leurs intérêts spirituels.

Ce qui le prouve, c'est qu'en l'an 1366, les mires
de Cambrai — nos chirurgiens d'autrefois — dont
l'histoire nous a conservé les noms : Postel,
Alain, Mazelau et Clément le Voirrier, adressèrent
une supplique aux prévôt, doyen et chapitre de
l'église de Cambrai, à l'effet d'obtenir l'établissement d'une confrérie sous l'invocation de
St Côme et de St Damien (1).

---

(1) Autrefois, toutes les corporations, pénétrées qu'elles
étaient de sentiments les plus chrétiens, n'auraient point
voulu se passer d'un protecteur céleste ou patron, et elles
choisissaient avec raison, parmi les saints, celui qui pendant
sa vie avait exercé une profession plus ou moins analogue à
la leur. Les mires ou chirurgiens prirent pour protecteurs
St-Côme et St-Damien, et vraiment ils ne pouvaient faire
un meilleur choix, puisque de leur vivant ces deux saints
avaient acquis, dans leur pays, une grande célébrité en
qualité de médecins-chirurgiens.

« C'est à Eges, port et centre de commerce très important
de Cilicie (en Asie-Mineure), que nous trouvons dans la
seconde moitié du IIIe siècle Saint Côme et Saint Damien.
Les deux frères, que l'on croit avoir été jumeaux, étaient
d'origine Arabe et nés de parents nobles et chrétiens. Ayant
été privés de bonne heure de leur père, Théodote leur
pieuse mère mit tous ses soins à les élever dans l'amour de

Dans cette supplique, les mires susnommés
demandaient qu'on voulût bien leur réserver,
dans l'église Notre-Dame, une chapelle où leurs
saints patrons auraient pu être honorés d'une
façon particulière ; ils promettaient d'y faire
peindre, et plus tard, « eulx venus à plus grande
prospérité », d'y faire graver la vie des dits
martyrs ; en outre d'y allumer « un chiron (cierge)
de huit livres » chaque fois que la messe serait
dite dans cette chapelle. Ils émettaient en même
temps le vœu qu'une messe solennelle, avec diacre
et sous-diacre revêtus des plus beaux ornements
de l'église, fût célébrée tous les ans le jour de la
fête de St Côme et de St Damien — le 27 septembre,
— tandis que le chef de St Côme (1) serait exposé
sur l'autel. En plus des honoraires habituels, les
desservants devaient toucher pour cette messe
vingt sols tournois. Un tronc serait placé dans la
chapelle pour recevoir les offrandes des malades
qui se présenteraient pour honorer les susdits

Dieu et du prochain, et grâce à ses efforts, ils firent de
rapides progrès dans la vertu. Ils s'appliquèrent à l'étude
des lettres et des sciences, mais surtout de la médecine,
qu'ils étudièrent en Syrie dans les ouvrages d'Hippocrate et
surtout de Galien. »

(R. P. Dom Alphonse-Marie FOURNIER, Moine Bénédictin
de Solesmes, docteur en médecine. Notices sur les saints
médecins, page 43. Paris, Victor Retaux, 1893).

Saint Côme et Saint Damien souffrirent ensemble le
martyre, sous Dioclétien, en l'an 287.

(1) Plusieurs historiens prétendent que l'Eglise Métropolitaine de Cambrai possédait autrefois le chef de St-Côme.
Cette prétention est-elle bien fondée, et si elle l'est, comment
disparut cette insigne relique ? Nous n'en savons rien.

Saints. Dans le but de stimuler la dévotion et la reconnaissance des malades, les mires exprimaient le désir de voir porter le chef de St Côme à la procession du St-Sacrement, ainsi qu'à celle que l'on avait coutume de faire autour de la ville. Enfin, ils s'engageaient « à remuer, visiter et consilier, pour l'amour de Dieu et des glorieux martirs, tous malades quelconques qui aront besoing d'œuvre de surgie qui venront, le nuict St Cosme et St Damien et le jour, audit lieu ou en la ville et citée de Cambrai. » (1).

Toutes ces conditions ayant été mûrement examinées, le chapitre métropolitain s'empressa d'accueillir le dit vœu, et par des lettres, en date du 8 avril 1366, il déclara l'établissement à Cambrai d'une confrérie de St Côme et de St Damien, avec le droit, pour les membres de cette confrérie, d'avoir une chapelle et un chapelain.

A partir de cette époque, le culte rendu aux deux frères médecins ne cessa d'être en honneur.

Les statuts de 1632 nous apprennent en effet que la fête de St Côme et de St Damien avait coutume d'être célébrée le 27 septembre de chaque année, à la chapelle de Ste Maxellende (2), dans l'église

---

(1) *Actes du chapitre de Notre-Dame,* cités par J. Paul FABER, dans sa notice sur les *Mires Cambrésiens.*

Mémoires de la Société d'Emulation, tome 28, 2e partie, page 163.

(2) Aussi appelée chapelle des Fiertes et quelquefois de St Côme et de St Damien ; on y remarquait une belle table

métropolitaine. Une grand-messe avec diacre et sous-diacre revêtus de leurs ornements était chantée en musique, et pour cette grande solennité, la confrérie était pourvue de vases sacrés et de tous les accessoires nécessaires.

La veille de la fête, les vêpres solennelles des saints patrons étaient chantées dans le chœur de l'église, et le lendemain, on célébrait encore dans la dite chapelle une grand-messe avec diacre et sous-diacre pour le repos de l'âme des confrères défunts.

A moins d'empêchement légitime, les confrères et les consœurs étaient tenus d'assister à tous ces offices, sous peine d'une amende de dix sols tournois. Défense était faite, ces jours-là, à tous les confrères de tenir boutique ouverte, sauf pour saigner dans les cas urgents. En outre, le premier lundi de chaque mois, une messe basse était encore dite pour le repos de l'âme des confrères trépassés. Depuis Pâques jusqu'à la St Rémy, la messe se disait à sept heures du matin, et depuis la St Rémy jusqu'à Pâques, à huit heures Tous les confrères étaient obligés d'y assister sous peine d'une amende de cinq sols tournois, à moins bien entendu d'excuse valable (1).

de marbre donnée par Foillan d'Eppe, chanoine de Cambrai, mort en 1662.

A. Le Glay. Recherches sur l'Eglise Métropolitaine de Cambrai, p. 34.

(1) *Arch. Com.* H. H. 10. Police n° 1. Règlemens des corps de métiers de Cambray, page 75, verso. Voir pièce justif. n° 2, art. 1.

Les chirurgiens étaient tenus d'accompagner les mayeurs de la confrérie aux processions qui se faisaient à Cambrai, sous peine d'une amende de 40 sols pour chaque manquement (1).

Quand un confrère ou la femme d'un confrère mourait, tous les chirurgiens devaient assister aux obsèques ; et sur le désir de la famille du défunt ou de la défunte, ils étaient obligés d'apporter deux flambeaux.

Les restes de cires revenaient à la chapelle de la confrérie, sans que personne ait à réclamer, pas plus le curé que le collecteur de l'église (2).

La fête des saints patrons, ramenant avec elle le traditionnel festin, était toujours attendue avec une joyeuse impatience, et les confrères s'y préparaient avec bonheur. Quelques jours à l'avance, le plus jeune des maîtres, suivant la coutume prise, devait inviter confrères et consœurs aux cérémonies qui allaient avoir lieu et nul n'était exempt d'accomplir cette petite obligation. Ce n'était pourtant pas du goût de tous les jeunes confrères et nous avons même vu une fois un chirurgien recevoir une sévère réprimande, pour avoir négligé de faire l'invitation prescrite par les usages. L'acte de délibération du Magistrat, à propos de cette simple négligence, mérite du reste d'être cité :

« L'an mil-sept-cent-vingt, le 9 octobre, compa-

---

(1) *Arch. Com.* H. H. 10. Police nº 1. Règlemens des corps de métiers de Cambray, page 75, verso. Voir pièce justif. nº 2, art. 12.

(2)   *Id.*   art. 13.

rurent en pleine chambre d'une part les mayeurs
et communauté des chirurgiens de cette ville
demandeurs, lesquels nous ont représentez que
par acte de délibération faite entre eux le premier
du courant, ils auroient portez amendes de deux
livres de cire pour la décoration de la chapelle de
Sᵗ Cosme et Sᵗ Damien, contre Antoine Ducrocq,
l'un de leurs confrères et des plus jeunes maistres
de leurs corps, pour ne point s'estre mis en devoir
d'aller inviter les confrères et consœurs à la feste
des dits Saints, ainsy qu'il est d'usage parmy eux,
dont il at esté averty par les dits mayeurs et par
l'autre plus jeune maistre, qui s'y est conformé
quelque temps avant la dite feste, concluant pour
raison de ce, à ce que la dite amende légitimement
encourue soit confirmée avec despens, attendu que
le dit Ducrocq ne prétendoit pas s'y soumettre.

Est aussy comparu le dit Ducrocq, desfendeur,
lequel pour tout griefs a dit qu'il ne lui convenoit
pas d'aller inviter les confrères et les consœurs à
la dite feste, et que s'estoit l'affaire d'un valet, que
d'ailleurs ceste obligation ne se trouvoit pas establie
dans leurs règlements écrits, qu'ainsy la susdite
amende étoit portée à tort et mal à propos,
concluant en conséquence à décharge d'icelle.

Les premiers comparans en répliques ont dit
qu'il suffisoit que se fut un usage estably parmy
eux observé depuis la création de leur corps et que
le défendeur ne peut ignorer.

Sur tout quoy, Messieurs du Magistrat faisant
droit, ont déclarez et déclarent la dite amende bien
et deument portée contre le défendeur, ordonnent

en conséquence que le dit acte de délibération du premier courant sortira effect condamnent le dit desfendeur aux dépens. » (1).

Les confrères tenaient à leur chapelle, aussi veillaient-ils avec un soin jaloux à l'entretien de ce sanctuaire et ne reculaient-ils devant aucun sacrifice pour le doter de précieux ornements, de magnifiques tableaux, de bannières, de cierges richement ornés.

Malgré toutes ces dépenses et les frais du culte, la confrérie de St-Côme et de St-Damien équilibrait sans trop de peine son budget et trouvait encore le moyen d'avoir une caisse de réserve, dont le montant était destiné à exercer des œuvres de charité et à secourir les membres réduits à la misère, par suite d'accident malheureux et imprévu.

Les ressources de la confrérie, bien que modestes en apparence, mais allant toujours en s'accumulant, permettaient pourtant de faire face à différentes entreprises charitables. Ces ressources étaient principalement constituées par les droits que l'on avait coutume de percevoir à l'entrée en apprentissage, à la prise de possession de certains privilèges, aux jours de fête, aux services des confrères décédés, aux offrandes et surtout aux diverses amendes. Ainsi, si l'on veut bien nous permettre de rappeler ce que nous avons vu dans le cours de ce mémoire : les ouvriers apprentis apportaient 5 sols en se mettant en apprentissage

(1) *Arch. Com.* H. H. 28, n° 35.

et les élèves 20 sols ; les veuves, pour continuer à
jouir des privilèges de maître, payaient 10 sols ;
chaque confrère, à la fête des saints patrons,
offrait 10 sols, et toutes les fois qu'avait lieu
l'enterrement d'un confrère, les parents étaient
tenus de donner 10 sols ; les opérateurs de la taille
devaient faire une offrande chaque fois qu'ils
taillaient quelqu'un, et les autres spécialistes
étaient tenus, quand ils faisaient une opération,
de donner une livre de cire.

Quant aux « triacleurs vendeurs de drogues
concernant la pharmacie, et esracheurs de dents,
étrangers et courant de ville en ville venant et
estallans sur le marchet ou aultres endroiets de la
dite ville de Cambray, vendans leurs oinguemens,
pouldres, huilles et aultres drogueries », ceux-là
donnaient deux livres de cire chaque année (1).

A cela il faut joindre les offrandes des malades
et des personnes généreuses, et toutes les amendes.

Après avoir longtemps répondu aux saintes
aspirations de multiples générations, la confrérie
de St-Côme et de St-Damien disparut comme tant
de ses sœurs de notre cité Cambrésienne, emportée
par la tourmente révolutionnaire, et sa disparition
entraîna la dissolution de la communauté des
chirurgiens, communauté qui sut si bien, pendant
de nombreux siècles, maintenir l'ordre, l'union et

---

(1) *Arch. Com.* H. H. 10. Police nᵒ 1. Règlemens......
Voir pièce justif. nᵒ 2. art, 14.

la fraternité parmi ses membres et sauvegarder leurs intérêts.

Dr H. COULON.

Cambrai, le 27 Septembre 1907.

PIÈCES JUSTIFICATIVES

.lij. Des barbieurs.

Nous prenost et eschme commandons qune
ne soit barbieure ne barbiresse en ceste cite et
banlieue denommaire qui puist dorefnant lener
son mestier de barbirie Insques a dont qnil ara
lonne te onnoire des Mareure ab ce come de
par nous en thins de lordre ennoires par vj ionrs
a ce proproes despens Dont ce denystenne lvi le
prime des mareure Il fera et ordonnera se fera
a lannee come Il apartenra ancur qnil puist
lener lour mestrev Et se Il est trounez onnorest
par lqdns mareure anam qnil puist lener son
onnoir Il fera tenne dopanre lxiiij pour se
maistoise les qls amp compangnone Dudit
mestrev pour se bientenne et les entrees pes
au proffit de le confrarie Saint come et Saint
Dannex pour soustems les frais de lur rofonore
Et parethne comandons qne de tono ounrans
de tailse qni se feront en ceste cite par ounreur
de chore les offrandes en feront et payos ou

PL. V.

PIÈCES JUSTIFICATIVES

N° 1

Les Barbieurs.

I

Nous Prévost et Eschvins commandons qu'il ne soit barbieurs ne *(ni)* barbiresse en ceste cité et banlieue demourant, qui puist doresmais *(désormais)* lever *(commencer)* son mestier de barbirie jusquesadont (jusqu'alors) qu'il ara ouvré (travaillé) es (dans) ouvroirs (boutiques) des maïeurs, ad ce comis (chargé) de par nous, en chascun de leurs ouvroirs par 6 jours, à ses propres despens, dont ce 2 jours en la présence des maïeurs, il fera et ordonnera ses fiers à sainnier côme il appartenra, avant qu'il puist lever le dit mestier ; et si il est trouvez ouvriers (apte à ce métier) par lesdits maïeurs, avant qu'il puist lever son ouvroir, il sera tenue de païer 60 sols tournois (1) pour se maistrise : les 40 sous aux compaingnons dudit mestier pour se bienvenue, et les aultres 20 sols au proffit de la confrarie St Cosme et St Damien, pour soustenir les frais de la dite confrarie (2).

---

(1) Le sol tournois était une monnaie qu'on frappait à Tours, il valait 12 deniers.

(2) La planche n° 5 représente, à titre de spécimen, avec réduction d'un tiers de l'original, une page du livre aux bans où se trouve inscrit, en écriture du XVe siècle, le titre et le premier article du présent règlement.

Et pareillement côrmandons que de tous ouvraiges de taille qui se feront en ceste cité par ouvriers de dehors, les offrandes en soient et payés au pourfit de le dite confrarie de ceste cité ou les dis ouvraiges se feront, et en l'avanchement du luminaire (au profit de la fabrique) dycelle et non ailleurs et pour éviter frauldes.

II

Item ordonnons que saucuns (si quelque) maistres du dit mestier va de vie à trespas, que sa femme se (si) elle se remarioit à aultre hôme que du dit mestier, quelle ne puist tenir ouvroir du dit mestier fors (si ce n'est) pour rère (raser) et rongnier (couper les cheveux), se elle n-a varlet qui soit trouvez souffissant par le dit ouvroir des maïeurs pour faire le dit mestier tout sier (si était et sera) côme il appartient sur lamende de 10 sols.

III

Et si (de même) commandons quil ne soit aucuns maistres du dit mestier tenant ouvroir qui puist apprendre le dit mestier en 2 ans que à ung seul aprentich, sinon (à moins) que, avant le dit terme, le dit aprentich trespassast, ou que aultre légitisme excusation il y eust qui bien fust aux maïeurs prousvés et vériffiés, par quoy le dit maistre fust (fit) a relever et sans fraulde ; auquel cas il polroit reprendre ung nouvel aprentich le terme de 2 ans. Et qui feroit le contraire il seroit condamné à 20 sols toutteffois et cantfois (toutes les fois que cela se présentera).

IV

Et quil ne soit barbieurs ne barbiresses ne tenre (tenir) varlet qui voist (veuille) ne entrepende a sannier ne arère

mésiel (lépreux) ne meselle (lépreuse) sur paine de perdre
le mestier ung an et tous les hostieulx (outils) du dit
mestier, c'est assavoir bachins, rasoirs, chiseaux, keux
(pierre à aiguiser) et tous aultres hostieulx servans au dit
mestier.

V

Et quil ne soit barbieurs qui mette ne pende bachins
hors de se maison ne a trois pieds des estiaux de devant,
fors les miroirs ; ne qui œuvriche de barbirie ce jours qui
senssuit, cest assavoir : les dimenches, les jours des
aspostres, les 5 jours Nostre-Dame, les jours de Toussaint,
des âmes, du Noel, St Estenne, les jours des roys, Pasques,
de l'Assencion, Pentecouste, de la Trinité, du St Sacrement,
le jour de St Eloy et le jour St Cosme et Damien, sil
nesquiet (ne tombe) en samedi, sur (sous peine) 10 sous ;
esquels jours polront bien sannier et esrachier dents, qui
en avera mestier, sans aultre coses faire, et ousvrer du dit
mestier tout le mois d'aoust qui en avera besoingt, excepté
le jour N-Dame.

VI

Et quil ne soit barbieurs ne barbiresses qui lieuwe
(prenne) varlet daultre ouvrier du mestier pour faire partir
de son maistre devant son terme ; ne varlet aussi qui ce
lieveche (se livre) a aultre maistre sara (s'il n'a) parfait son
terme sur 20 sols au maistre, et 20 sous au varlet. Et se
(si) le varlet se partoit avant son terme, quil ne soit aulcun
des aultres ouvriers qui les mette en œuvre, ne rechoive en
se maison, sur le dit amende de 20 sols.

VII

Et ne soit barbieurs ne barbiresses ne leur varlet qui

laisse a lhuis (à la porte) le sanc des sainnies que jusquesa 2 heures apprez midi, excepté le nuyt et le jour S¹ Jehan Baptiste, le nuyt et le jour de may et le nuyt et le jour S¹ Valentin, sur paine de 10 sols ; et ces ordonnances seront tenus les maistres du dit mestier ensaingnés et monstrer à leurs varlets.

VIII

Et est assavoir que les dit maistres tenant ousvroir et leurs varlets polront tous nobles et toustes gens donneur, côme relisgieux, bourgeois et marchants du dehors, servir de leur mestier en leurs hosteulx sans encourrir en auscune amende, et aussi ouvrer en leurs maisons les bases (petites) festes derrière les gourdines (courtines) privéement et s'elles (si elles) queroient (tombent) en sapmedi, que ils pevissent sans mesfait mestre leurs bachins hors, côme ès aultres jours.

IX

Et quil ne soit barbieurs, tenant ouvroir qui voist (aille) en se personne cloquetant (tintant) le bachin par lès villes sur 10 sous, pourtant (lors-même) quil ait varlet en se maison demourant, ne pour rère, ne sannier mésel ou méselle, sur ledit amende.

X

Et ne soit barbieur ne barberesse qui nourisse en son pourpris (cour) que 2 pourcheaux lan et pour les despendre (utiliser) en se maison, ne que povit en vende a quelque personne sur 20 sols d'amende.

XI

Et ne soit auscuns barbieures qui ait esté ou voit homicide qui tiengnt ouvoir du dit mestier, sur estre...... jusques au dit (à l'ordre) de prévost et eschevins.

XII

Et aussi quil ne soit auscun ne auscune du dit mestier qui die ou fasche vilennie au dist maïeurs pour cause de leur office, ne voist (agisse) contre les ordonnances dessus dictes sur les dictes paines de 40 sous et de toutes les amendes desus dictes, le tierche partie au dit maïeurs.

XIII

Et que tous aprentis du dit mestier seront tenus de paier, au commenchement de leurs 2 ans, 10 sols, moittié à le dite boite (caisse de communauté) et lautre au dit maïeur (1).

---

(1) *Arch. Com.* A. A. 101. Livre aux bans (écrit vers l'an 1445). Fol. 253 à 255.

No 2

Règlement général et lettres de police
pour les Chirurgiens et Barbiers.

A tous ceulx quy ces présentes lettres voiront ou oiront,
Eschevins de la ville, cité et duché de Cambray, salut.

Receu avons l'humble supplication et requeste des maistres
et confrères chirurgiens et barbiers de ladite ville, contenant
queulx et leurs prédécesseurs ont de piécha (déjà) mis sus
continué et entretenu jusques à présent une belle et louable
société et confraerie en l'honneur de Dieu et de Monsieur
Saint Cosme et Monsieur Saint Damiens leurs patrons,
solempnizans et faisans solempnizer, chacun an, la feste
desdits Saints en leur jour, en la chappelle de Sainte
Maxcellence en l'église Métropolitaine dudit Cambray, où
sont mis les imaiges desdits Saint Cosme et Saint Damien,
que lors se chante une grande messe en mucique, en ladite
chappelle, à diacre et soubz-diacre revestus, auquel effect les
dites confrères ont calice, plusieurs ornemens et linge à ce
nécessaire, quils entretiennent avecq les luminaires convenables, sy (et ainsi) ce chantent au chœur de la dite église,
la veille du susdit jour, les vespres solempnelles desdits
Saints, et le lendemain de leur dite solempnité se célèbre
encor, en ladite chappelle, une grande messe à diacre,
soubz-diacre revestus comme dessus, en priant Dieu pour
les âmes des confrères trespassez, auxquels saincts services
Divin tous les dites confrères sont tenus assister, sur
lamende de dix solz tournois quest tenu payer chacun
deffaillant au proffit de la confraerie, saulf excuse légitisme ;
sy ce célèbre aussy en la meisme chappelle, le premier
lundy de chacun mois de lan, une messe basse en priant

Dieu pour lesdits confrères trespassez, assavoir depuis les
Pasques à la Saint Rémy, à sept heures du mattin, et depuis
la Saint Rémy jusques aux Pasques, à huit heures, ou aussy
se doibvent trouver et assister tous les dits confrères, saulf
excuses légitismes, sous lamende de cincq sols tournois, au
proffit de la dite confrairie, contre chacun desfaillant, et
pour les droix de ladite confrairie, chacun confrère paye
annuellement dix sols tournois le jour de la solempnité
susdit. Nous requérons lesdits maîtres et confrères chirurgiens et barbiers vouloir agréé lobservation des bons et
louables debvoirs ci-dessus, et de leur donner et accorder
bonnes lettres de police, pour eulx pouvoir régler et
maintenir en leurdit art et mestier chirurgi. Ce qu'ayant
mûrement considéré, et désirant donner à yceulx bonne
ordre et police en lobservation de leur dit mestier, avons
premièrement agréé et confirmé, agréons et confirmons la
bonne et droicturière observance, qu'ont eub et ont lesdits
chirurgiens et barbiers, du saint service divin en la manière
dite, et les en chargeons et enjoindons de ainsy le faire faire
et eulx et leurs successeurs y assister comme dit est, soubz
les paines et amendes y contenues et cy dessus particulièrement reprinces. Cy-dessus leur avons faist expédier les
présentes lettres, contenant particulièrement ce qu'ils
debveront pratiquer pour police et lentretemment de leur
dit art et mestier de chirurgie, que leur enjoindont bien
expressément dobserver et faire observer en la forme et
manière quil sensuit.

I

C'est assavoir que tous les dits chirurgiens sont et seront
tenus en ladite ville de Cambray pour ung corps de mestier
bien policié, comme il at esté de tous temps, que par chacun
terme de trois ans se fera exlection par lesdits confrères et
de trois d'entre eulx pour mayeurs de leur dit confrairie et
mestier, à laquelle fin ils debveront estre tous signifiés au

lieu désigné par les mayeurs sortant, pour estant ainsy
choisis et dénommez, estre à nous présenter, affin de
rechevoir leur serment de fidélité ; que nul ne polra audit
Cambray eslever son mestier de chirurgien ne soit (à moins)
que préalablement il soit recheu à maître et ayt deument
satisfaict aux articles suyvant, sur telle correction arbitraire
que trouverons au cas appartenir : que celluy qu'il désirera
estre recheu à maître-chirurgien, debvera premièrement
requérir lesdits trois mayeurs, d'eulz trouver en le maison
qu'ils polront designer, et faire appeller tous les confrères
pour illecq (en cette maison) eulx trouver pour ensamble-
ment entendre la dite réquisition, et rechevoir par les dits
mayeurs trois fers qu'il doibt présenter à l'effet suyvant :
qu'en chacune maison des dits trois mayeurs, celluy se
présentant sera tenu de travailler par le terme de six jours
continuels, à ses despens, et durant deux desdits jours, il
sera tenu, en la présence des dits mayeurs, faire et accommoder les dits trois fers, en les usans et récurans en telle
sorte que de les rendre en forme de lancettes bonnes et
suffisantes pour saigner, bien accomodé dans la balaine
avecq les petites manchettes d'argent comme dordinaire,
aussy à ses despens, et trois ou quatre jours auparavant
qu'il ait exposé aulcuns frais pour sa reception à maistre,
seront appellez et assemblez en certain lieu désigné, deux
de noz confrères eschevins sepmaniers, avecq le docteur et
médecin de la ville, les dits trois mayeurs et tous les dites
confrères chirurgiens, es présence desquels, celluy se
présentant à maistre debvera souffrir lexamen de chacun
d'eulx sur les faicts de lanatomie, des aposteumes, des
ulcères, des plaies, des fractures et dislocations, pour en
cas quy fut lors trouvé capable et ydoine, et que lesdits
lancettes ayant par luy estées deument accomodées, estre
recheu à maistre, sinon renvoié sans aulcuns autres frais ;
et estant ainsy recheu maistre, sera tenu de à l'instant
prester le serment de fidélité sur le tablet de ladite con-
fracrie, et dentretenir et accomplir tous les articles quy

sont ici contenus, et auparavant quil puist aulcunement travailler ny tenir ouvroir ; cy iceluy est fils de maistre natif de la dite ville de Cambray debvera seullement payer, au proffit de la chappelle, quarante solz tournois, et sy il nest fils de maistre natif dicelle ville, ou sil est estranger, payera quatre livres tournois au proffit de ladite chappelle ; plus iceluy recheu a maistre payera ung disner honneste ausdits dessus nommez et leurs femmes, au jour qu'ils polront limiter selon quil sest observé de tous temps.

II

Item, sy aulcun maistre va de vie à trespas, et que sa vefve se remarie à aultre quy ne soit dudit mestier, elle ne polra tenir ouvroir dicelluy mestier, fors pour rere et rongnier (couper les cheveux), sy elle n'at varlet quy soit trouvé suffissant par lesdits mayeurs, pour tenir et excercher enthièrement le mestier comme il appartient, sur lamende de vingt sols, pour chacune fois quelle seroit trouvé avoir contrevenu à ce que dessus applicable comme dit est.

III

Item, que chacun apprentil dudit mestier sera tenu payer : scavoir le fils de maistre natif de ladite ville, quarante solz, et lestrangier ou non fils de maistre, quatre livres, pour ses droicts d'apprentisaige, incontinent quil sera admis en louvroir, la moitié au proffit de la confraerie et l'aultre au proffit desdits mayeurs.

IV

Item, chacun maistre dudit mestier tenant ouvroir, ne polra apprendre ledit mestier qu'à ung seul apprentis, en deux ans ; mais sy durant ledit temps, ledit apprentis alloit de vie à trespas ou quil euist quicté sondit maistre, en ce

cas iceluy maistre polra prendre ung nouviau apprentis,
durant lesdits deux ans et non aultrement, sur lamende de
trois livres tournois applicable comme dessus.

V

Item, nul Barbieur ne polra tenir son usinne ouverte, ny
barbier, ny pendre bachuns es jours des dimanches, des
appostres, de six festes anchiennes de Nostre Dame, de
Toussaint, Noël, St Estienne, du Saint Sacrement, de
St Cosme et St Damien, Circoncision, des rois, lascension,
des deux festes Ste Croix, St Marcq, St Jean Baptiste, Sainte
Marie Magdelaine, Saint Laurens, St Michel, St Luc,
St Martin, Ste Catherine et St Nicolas en yver. Le tout sur
lamende de trois livres tournois, pour chacunne fois
applicable comme dessus ; polront néanmoins esdits jours
lesdits chirurgiens saigner et esracher dents ; et es basses
festes comme de Saint Marcq, Ste Catherine, les deux
Ste Croix, St Michel et St Luc, polront secrètement, sy le cas
y eschet, barbier tous gens d'honneurs sicomme deglise,
religieux, nobles, bourgeois, marchans et semblables gens
venant de dehors la ville, et ce es hostelz et logis d'iceulx,
ou es maisons desdits barbiers couvertement et derrière les
gourdines (rideaux), meisme le jour de St Cosme et St Damien
sil eschet en sabmedy, et non aultrement.

VI

Item, nul barbier ou barbieresse ne polra louer ny
prendre varlet daultre ouvroir dudit mestier, syl nat achevé
le terme convenu ; et sy (aussi) ne polra de meisme ledit
varlet se louer à maistre, ne soit quil ayt servy le terme
quil polroit avoir accordé avecq son premier maistre, sur
lamende de quarrante solz tournois, aussy bien à fourfaire
par lesdits maistres que par lesdits varlets applicable comme
dessus.

VII

Item, nul barbieur, barbieresse ne varlet ne polra ne debvera laisser à l'huis le sang de saignies fors que jusques a deux heures après midy, excepté la nuicts et le jour Saint Jean Baptiste, comme la nuicts et le jour de may et de Sᵗ Valentin, sur lamende de vingt solz à payer par le maistre quy sera tenu de ce enseigner et faire observer par son varlet, applicable comme dit est.

VIII

Item, ne polra nul maistre barbier ou barbieresse saigner ne rère aulcune personne attaincte de lazdrie sur paine destre suspendu de lexercice de sondit mestier, par lespace d'ung an, et de perdre tous ses outils dudit mestier, scavoir : bachins, razoirs, chiseaux, tranchans et aultres. Et aussy ne polront nourir pourceaux en leur pourpris (cour), sinon deux en ung an, pour leur provision et non pour vendre ne (ni) aultrement, sur lamende de quarrante solz pour chacunne fois qu'ils en seront reprins, applicable comme dessus.

IX

Item, sy quelqueung dudit mestier avoit esté ou estoit homicide, ne polra tenir ouvroir dudit mestier apaine destre par nous rigoureusement pugny et corrigé ; deffendant bien expressément à tous ceulx dudit mestier d'injurier ou molester les susdits mayeurs, leur office faisant, sur lamende de quatre livres tournois, les deux tiers applicable comme dessus et laultre tierch à iceux mayeurs.

X

Item, que touttes vefves joissantes du privilège dudit

mestier, audit Cambray, usant aulcunement de la praticque de chirurgie payeront à l'utilité de la dite confraerie dix solz tournois par chacunne.

Item, tous varlets et serviteurs desdits maistres barbiers et ouvriers payeront, au commenchement de leurs louaiges, cinq sols tournois par chacun an à la dite confraerie, de quoy leurs dits maîtres debveront respondre.

XI

Item, tous ousvriers estrangers se meslans de tailler et faire incisions pour pierre ou desrompure, ne polront exercher leusdits praticques sans, a chacunne fois, prendre et avoir avecq eulx deux desdits maistres chirurgiens de Cambray, pour le moins, affin quils ayent regard que la chose se fache deument, et payeront lesdits ouvriers de leur propre sallaire une livre de chire de chacunne incision, au proffit de la dite confraerie ; et celluy estant médicamenté payera dix solz à chacun desdits maistres, pour leurs vaccations.

XII

Item, que tous les maistres dudit mestier seront tenus d'accompaigner les mayeurs de ladite confraerie ès processions de Cambray et du St Sacrement, aussy esdits jours au disner, et le jour de St Cosme et St Damien aux disner et soupper, et ceulx quy seront desfaillans assister auxdits processions, sans excuse légitisme, payeront pour ladvanchement de la despense, chacun quarrante solz tournois pour chacunne fois quil aura esté en deffault. Ce que de meisme il debvera faire pour chacunne fois quil avera mancquer de se trouver ausdits disner et souper dudit jour de St Cosme et St Damien, pour pareil advanchement que dessus.

XIII

Item, quant aulcun maistre ou maistresse dudit mestier sera allé de vie à trespas, lesdits confrères seront tenus de bailler leur deux flambeaux, pour assister à enterrement et obsecques, sy les parens dudit défuncqt les requièrent en payant à ladite confraerie dix solz tournois et vingt solz aux compaignons pour leur récréation, en rapportant touttes fois les coppons ou reste desdits flambeaux en ladite chappelle, et auquel rapport, ne polra contrevenir le collateur ny le curet de l'église ou se feront lesdits arrentement et obsèques.

XIV

Item, tous triacleurs, vendeurs de drogues concernant la pharmacie, et esracheurs de dents, estrangers et courant de ville en ville, venans et estallans sur le marchet ou aultre endroicts de ladite ville de Cambray, vendans leurs oingnemens, pouldres, huilles et aultres drogueries, seront tenus de payer, au proffit de ladite confraerie et chappelle, deux livres de chires par chacun an, lesquelles susdits amendes seront percheues et recheues par les dits mayeurs, pour en rendre bon et fidèle compte, une fois lan, aux lieu et jour à ce ordinaire et accoustumée.

XV

Item, touttesfois quil adviendra que quelque pasient, pour navrement (grande plaie) bleschure ou aultre accident et maladie quelconques, se sera mis ès mains de quelqu'ung desdits chirurgiens pour estre visité et médicamenté, et que depuis durant encor ledit accident ou maladie, par fantasie, conseil ou mutabilité, comme souvent est advenu, voudra changer et se mestre es mains d'aultre ou aultres chirurgiens, en ce cas ledit pasient sera tenu de payer et contenter préalablement ledit premier maistre de ses labeurs, sallaires et vaccations, ou du moins luy bailler bonne et suffissante caution de le satisfaire au plus tost, à deffault de quoy le second ou aultres maistres chirurgiens ne polront entreprendre ledit pasient, soulz correction arbitraire.

Tous lesquels points, statuts, police, règlement et confraternité pour lestablissement du corps dudit mestier de chirurgiens et barbiers, nous avons approuvé et approuvons par ces présentes, voulons et ordonnons quils soient de ce jour en avant et à ladvenir observier, tenus et entretenus et inviolablement accomplis de point en point et par la manière dite, retenant néantmoins pouvoir et auctorité de changer accroistre ou diminuer la police des susdit du tout ou en partie, ainsy que nous et noz successeurs trouverons bon estre, mandons et commandons à tous quil appartiendra de tenir lesdits chirurgiens et barbiers à corps de mestier, les faire souffrir et laisser jouir de leur confraternité avecq lobservance des police, statuts et règlements des susdits. Surquoy avons interposé et interposons ce présent notre décret.

En tesmoing de quoy avons à ces présentes signées de Florent Mairesse, maistre greffier, mis et appendus le scel aux causes de ladite ville de Cambray quy furent faistes et données audit lieu, le vingtième jour du mois de Décembre an mil-six-centz-trente-deux (1).

---

(1) *Arch. Com.* H. H. 10, Police n° 1. Règlemens des corps de métiers de Cambray, Registre. 1625 à 1758, fol. 75 verso.

N° 3

Nouveau Règlement pour les Chirurgiens.

A tous ceux qui ces présentes lettres verront ou oiront, Eschevins de la ville, cité et duché de Cambray salut. Scavoir faisons, que comme nonobstant nostre règlement de police édicté par nos prédécesseurs en magistrature, le 20ᵉ du mois de décembre de l'an 1632, relatif aux antérieurs du siècle passé, pour le meilleur establissement du corps et compagnie des Chirurgiens et Barbiers de ceste ville, soubz les auspices de Sᵗ Cosme et Sᵗ Damien, et pourvoir par ce moien à la cure des blessures et accidens qui arrivent aux corps humains, qui ont besoing de la main et secours des dits Chirurgiens, il est venu à nostre cognoissance que quelques abus se sont glissés, soit par sinistres interprétations des dits règlements, ou par relaschement et peu de soing que les mayeurs et confrères de la dite compagnie ont apporté à surveiller à l'entretenement des poincts y contenus, et autrement par dissimulation des frais et despens superflus qu'ils ont souffert estre faicts et extorqués des apprentifs qui se sont présentés, depuis quelques années, pour estre receus à maistre dans la dite compagnie, et désirant a nostre possible y remédier, suivant l'obligation que nous avons à la conservation des habitans de ceste ville, et l'authorité que nous nous sommes réservés d'accroistre, changer, ou diminuer le susdit règlement politicque de l'an 1632, avons ordonné et statué, ordonnons et statuons ce que s'ensuit.

I

Premièrement que tous les poincts concernant le

service divin et la confrérie érigée à l'honneur de St Cosme et St Damien, reprins au dit règlement de l'an 1632, seront entretenus et inviolablement observés, soubz les peines et amendes y reprinses, que nous ordonnons aux mayeurs de praticquer soigneusement sans aucun tort ny dissimulation.

II

Et comme il est venu à nostre cognoissance que la pluspart des maistres chirurgiens de ceste dite ville, quoy qu'experts en leur art, aiant des jeunes apprentifs chez eulx manquent d'employ, en sorte que les deux années d'apprentissage viennent à s'écouler, sans par les dits apprentifs en avoir eu peu ou point de besongne pour en apprendre l'opération, et mectre les règles et préceptes de la chirurgie, consistant en l'opération manuelle, en praticque, qui cause qu'ils n'acquièrent pas l'expérience nécessaire à leur réception à maistrise. Nous ordonnons que désormais les dits apprentifs, par dessus et après les deux années d'apprentissage ordonnés chez l'un ou l'autre des maistres de la dite confrérie, debvront avant se présenter à passer maistre, travailler un an aux hospitaux de ceste ville, ou autre, en la présence du médecin et du chirurgien des dits lieux ; ordonnons à ceux de ceste ville de leur permettre de faire tant bandages que saignées et autres opérations de la chirurgie, afin d'apprendre à les praticquer bien et utilement, et que les dits médecins et maistres chirurgiens puissent leur monstrer et enseigner leurs deffaults selon que l'arts, la charité et la raison le requerera, en quoy les pauvres blessés et incommodés des dits hospitaux recevront quelque soulagement.

III

Et comme les despens superfleus, que l'on exige des dits apprentifs se présentant à maistre au delà du prescript

du dit règlement de l'an 1632, et contre le bien publicque et
nostre intention, pouroit estre cause que des jeunes gens
experts en la dite arte seraient cy après empeschés d'arriver
à la dite maitrise, faulte de commoditez. Nous ordonnons
très expressément que désormais le banquet de la présentation des fers, introduict passé quelques années, sera
absolument interdict aussy bien que les beuvettes qui se
souloient (avaient l'habitude) faire en la maison des
mayeurs, lorsque les apprentifs y travaillaient pour preuve
de leur expérience et capacité, ordonnons aux dits mayeurs
de se contenter des lancettes quils leur présenteront belles
et bonnes, ainsy que du passé, sans les obliger néantmoins
à les esquiser, nétoier ou accommoder pour estre en estat
de service, suffissant qu'elles soient telles ores que
fabricquées et accommodées par les mains de l'ouvrier.

IV

Et comme nous apprenons que pendant que les dits
candidats travaillent chez les dits mayeurs, ils les obligent
à leur donner quelque boisson chez eulx, ou des cabaretz,
soit vin, bierre, ou brandvin, nous deffendons bien, et à
certes aus dits mayeurs d'icy en avant, exiger la dite boisson
directement ou indirectement, sur peine aux contrevenans
d'estre condamnés à la cloture de leur bouticque et exercice
de la chirurgie, un mois durant, et aux candidats d'en
donner, ou faire donner soubz tel prétexte que ce puisse
estre, à peine d'estre reculés de la réception à la maistrise
d'un an pour le moins, important de coupper broche à tels
desbordemens très préjudiciables au bien publicque.

V

Estant néantmoins raisonable que les dits candidats
recognoissent les dits maistres chirurgiens leurs confrères

à venir de quelque récréation honneste, pourquoy nous ordonnons, qu'après qu'ils seront bien et deument examinés et trouvés capables d'estre receus, ils furniront aux mayeurs de la dite confrérie la somme de cent florins de vingt pattars la pièce, pour estre employés mesnagèrement à la récréation, à laquelle Messieurs les Prévost et Eschevins sepmaniers auront droict d'intervenir avec les Docteurs en médecine, pensionaire, et de la charité, et les confrères de la dite chirurgie, sans y recevoir leurs femmes ny leurs enfants, ainsy que s'est praticqué cy devant avec grand désordre que nous entendons prévenir par la présente desfense, à peine de deux escus d'amende contre les contrevenans, et que les dites femmes et enfans seront chassés honteusement.

VI

Que les dits candidats seront obligés de travailler et faire la besogne qui se présentera es boutieques des mayeurs et parmy la ville concernant la dite arte de chirurgie, les trois sepmaines qu'ils sont accoustumés de s'y rendre avant leur réception à l'examen, sans aucuns frais de boisson, comme a esté dict cy dessus.

VII

Qu'au dit examen désormais, il n'y aura que les cincq anciens maistres avec les mayeurs qui proposeront au dit candidat chacun trois questions sur les cincq parties de la chirurgie, pour recognoistre s'il s'y est exercé, et ce en présence des dits deux docteurs, qui décideront avant tout si les dites questions sont proposables et nécessaires d'estre sceues et solues (résolues) par le candidat ; sans que les autres maistres chirurgiens (quoy que présent au dit examen) puissent en proposer aucunes autres, ny agiter les proposées.

VIII

Que moiennant ce, le candidat debvra estre receu ou rejecté selon la capacité ou incapacité, en raison et selon l'équité et sans aucune passion.

IX

Et comme tout l'établissement de ceste police regarde primitivement le bien publicque et la conformation du genre humain, et qu'à nostre regret dans l'occurrence du chastiment présent de la peste, dont ceste ville est affligée, il ne se retrouve aucuns des dits confrères chirurgiens qui s'y veuille engager : nous ordonnons que cas arrivant que quelque candidat cy après se veuille obliger de s'exposer à la peste, la première qui pourrat arriver après sa réception, tout le temps qu'elle durera pour ceste fois seullement, qu'il sera receu à la dite maistrise sans aucuns frais pour le paste ou bancquet, et que pendant qu'il servira à la dite peste, il aura pour sa nourriture et entretien de son mesnage trois florins par jour, ce qui continuera pendant les six sepmaines de purgation (convalescence) ou airiment.

X

Et a celuy qui voudra s'y engager pour tout le temps de sa vie, serat assignée une pension de soixante livres par an, sa vie durante, avec la maison, jardin, robbe de petit drap et autres avantages dont ont jouy les autres chirurgiens aiant servis à la peste, et les trois florins de nourriture cy dessus dits pendant son exercice.

XI

Finalement nous ordonnons que les autres poincts,

concernant la dite police contenus et règlement précédent,
soient ponctuellement observés, et spécialement que les
maistres de la dite compagnie aient à se comporter avec
modestie et respect dans leurs assemblées, tant vers leurs
mayeurs exerçant leurs offices qu'autrement, soubz les
peines et amendes y comminées. A deffault de quoy, y sera
par nous pourveu d'autres plus griefves selon l'exigence
des cas, de quoy ils seront tenus nous advertir pour y
pourvoir par tel autre règlement que nous trouverons
convenable.

Donnés en nostre chambre eschevinalle ce 17ᵉ jour de
septembre an mil six centz soixante huict. Tesmoins

MAIRESSE (1).

(1) *Arch. Com.* H. H 10. Police nᵒ 1. Règlemens des corps de
métiers de Cambray. Registre, fol. 131 à 133.

No 4.

Edit du roi Louis XIV supprimant le droit accordé aux premiers médecins de nommer des chirurgiens visiteurs. — Suppression des lieutenants. — Création d'offices de chirurgiens et de médecins jurés. — Règlements.

« Louis par la grâce de Dieu, roy de France et de Navarre, à tous présens é à venir salut. Les roys nos prédécesseurs connaissant la nécessité qu'il y avoit que ceux qui exercoient l'art de chirurgie et ceux qui se mesloient des fonctions de barbiers, baigneurs, peruqquiers, estuvistes, mesme les sages femmes, fussent de bonne vie et mœurs et capables de faire une fonction sy nécessaire, ont par plusieurs édits, déclarations et règlemens, ordonnez ce qui devoit estre observé pour les chefs-d'œuvres que les aspirans à l'art de chirurgie devoient faire, avant que d'estre receus maistres, et la discipline qui devoient estre suivies dans les communautés des barbiers et chirurgiens, et affin que les règlemens fussent ponctuellement exécutez, ils permirent à leurs premiers barbiers et chirurgiens, de commettre et establir des lieutenants, choisis entre les plus expérimentez des chirurgiens dans chacune des villes, bourgs et lieux de nostre royaume, pour examiner les aspirans et leur donner des lettres et recœuillir les voix dans les assemblées des communautéz, avec attribution de jurisdiction en tous les cas concernant les fonctions de barbrie et chirurgie, et droit de visite sur tous les autres chirurgiens, avec deffence à tous barbiers et chirurgiens de s'attribuer la dite qualité

de lieutenant, ny faire les fonctions de chirurgie ny barberie,
qu'ils n'eûssent esté receûs et approuvez par le dit premier
barbier ou ses lieutenans ; cet establissement ne remédiant
pas aux abus qui se trouvoient dans les rapports que tous
les chirurgiens pouvoient faire des malades blessez ou
autres ; le roy Henry quatre, nostre ayeul de glorieuse
mémoire, ordonna par son édit du mois de janvier mil-six-
cens-six, que par le sieur de Larivière Lorveson premier
médecin, il seroit commis dans toutes les villes, bourgs et
lieux de nostre royaume, un ou deux chirurgiens pour
assister aux visites et rapports qui se feroient par ordonnance
de justice ou autrement, avec deffense aux autres chirurgiens
de faire aucun rapport, sans y appeller ceux commis par le
premier médecin, et à tous juges dy avoir égard à peine de
nullité, et par le mesme édit, il accorda ausdits chirurgiens
ainsy commis les mesmes honneurs, fonctions, privilèges et
émolumens que ceux dont jouissoient les chirurgiens jurez
de nostre bonne ville de Paris, nous avons en faveur de
nostre premier médecin confirmé par plusieurs déclarations
et lettres patentes, les mesmes privilèges, et ceux de nos
premiers chirurgiens, par nos lettres du mois de febvrier
mil-six-cens-cincquante-six, septembre mil-six-cens-septante-
neuf, et par les arrests de nostre conseil des vingt-huit
mars mil-six-cens-onze, et vingt-huit juillet mil-six-cens-
septante-un, et par nos lettres du mois d'aoust mil-six-cens-
cincquante-six, exempté nostre premier chirurgien et l'un
de ses lieutenans et commis dans chacune ville, de collecte,
de tutelle, curatelle et charges publicques, mesme de tous
logemens de gens de guerre, et par nos lettres données à
Sᵗ Germain en Laye, au mois d'aoust mil six cens soixante
huit, desuny lesdits privilèges de la charge de nostre premier
barbier, et iceux uny à celle de nostre premier chirurgien,
et ayant esté informez des différents qui surviennent tous
les jours entre lesdits lieutenans, les chirurgiens commis
par nostre premier médecin, et les autres des communau-
tées, nous avons, par nostre ordonnance du mois d'aoust

mil six cens septante, ordonné que les visites des blessez
pourroient estre faites par médecins et chirurgiens, mesme
par l'article huit du titre cincq d'icelle, ordonné à nos cours
de surceoir l'exécution des sentences de provision, jusques
à ce qu'elles aient veû les charges, informations et les
raports des médecins et chirurgiens, mais au lieu que cette
ordonnance ait fait cesser les difficultés et contestations,
elle en a causé des nouvelles, par les préséances et prérogatives que les médecins lieutenant et chirurgiens nommez
et commis prétendent les uns sur les autres, surquoy les
sieurs d'Aquin et Félix, nos premiers médecin et chirurgien,
nous ayant remonstré qu'estant obligez de résider assidue-
ment près de nostre personne, ils ne pouvoient remédier à
ces abus, ny aux plaintes que nous recevions journellement
à cause des évocations que la pluspart des lieutenans et
chirurgiens faisoient faire sans fondement en nostre grand
conseil, qui fatiguoient nos sujets qui sy trouvent intéressez,
pourquoy ils nous auroient suplié dy pourveoir, affin de
rendre les fonctions desdits lieutenants, médecins, chirurgiens, les réceptions des aspirans et la forme de faire les
rapports fixes et stables conformément aux règlemens, à ces
causes et autres à ce nous mouvantes, après avoir fait
examiner en nostre conseil lesdits édits, déclarations,
arrests, statuts et règlemens, de nostre certaine science,
pleine puissance et authorité royale, nous avons par le
présens édit perpétuel et irrévocable supprimé et supprimons
pour toujours la faculté accordée à nos premiers médecins,
par ledit édit du mois janvier mil-six-cens-six, déclarations
et arrests intervenus en conséquence, de commettre et
nommer des chirurgiens dans les villes, bourgs et lieux de
nostre royaume pour faire les visites et rapports, et celle
donnée à nostre premier chirurgien de nommer et commettre
des lieutenans dans lesdites villes et lieux, et toutes les
lettres et commissions par eux expédiées jusques à ce jour,
à la réserve et exception de nostre bonne ville, faubourgs
et banlieue de Paris, dans lesquels nous voulons qu'eux,

leurs lieutenans et commis jouissent des mesmes droits privilèges et fonctions qu'ils ont accoustumées, sans aucunes diminutions ny modérations, de mesme et comme ils faisoient avant le présent édit, nous réservans au surplus à pourvoir à l'indemnité, et affin que nos sujets et les chirurgiens des villes, bourgs et lieux de nostre royaume, ne souffrent aucun préjudice desdites suppressions et qu'ils en reçoivent du soulagement, nous avons par le présent édit créé et érigé, créons et érigeons, en titres d'office formés et héréditaires, deux juréz dans chacunes communautés des chirurgiens des villes de nostre royaume, terres et seigneuries de nostre obéissance ou il y a parlement ou autres cours, eveschez, archeveschez, présidial ou baillage principal, et un dans chacun des autres villes, bourgs et lieux de nostre royaume, terres et seigneuries de nostre obéissance, pour y estre par nous pourveu des chirurgiens qui auront les qualités requises, qui seront receûs au serment par nos officiers desdits baillages, présidiaux ou séneschaussées, en nous payant par eux les sommes auxquelles lesdits offices seront taxez en nos revenus casuels sur les quittances des receveurs d'iceux, et les deux sols pour livres sur celles de celuy qui sera par nous commis pour l'exécution du présent édit, lesquels seront qualifiez nos chirurgiens jurez chacun dans leur ressort, avec faculté de mettre nos armes et l'inscription de leurs titres et qualitéz dans leurs enseignes sur leurs bouticles, ausquels nous avons attribuez et attribuons la faculté de faire, à l'exclusion de tous autres chirurgiens, conjoinctement ou séparément, les raports des visitations qui seront faites tant par ordonnance de justice que denonciatifes des corps morts, blessez, noyez, mutillez prisonniers ou autrement, en la mesme forme et manière que les chirurgiens, qui estoient cy devant nommez et commis par nostre premier médecin, faisoient en conséquence desdits édits du mois de janvier 1606, déclaration du 16 juin 1608, estans rendûs en conséquence, faisans très expresses inhibitions et deffences à tous autres chirurgiens

de les troubler, et à nos juges et autres d'avoir esgard aux
rapports qui leur seront présentez, ny adjuger aucune
provision alimentaire ou autre, sy lesdits rapports ne sont
signez desdits chirurgiens jurez, ou de l'un d'eux, en la
manière portée par nos ordonnances et règlemens sur ce
faits et intervenus sur les peines y contenues, comme aussy
nous avons attribué et attribuons auxdits chirurgiens royaux
et jurez présentement créez, les mesmes fonctions jurisdictions, droits utiles et honorificqs que ceux desquels les
lieutenants cy devant commis par nostre premier chirurgien
jouissent et avoient droit de jouir, en conséquence desdits
édits et déclaration des mois de febvrier 1656 et septembre
1679, et arrest du conseil du 6 aous 1668, et de mesme et à
l'instar des lieutenants de nostre premier chirurgien de
nostre bonne ville de Paris et conformément au règlement
arresté en notre conseil le 28 juillet 1671, que nous voulons
et entendons estre exécuté en faveur desdits chirurgiens
jurez, tant pour leurs fonctions que droits, à l'exception
seullement que dans les autres villes et lieux, les chirurgiens
jurez qui seront establis ny pourront prétendre que moitié
des droits attribuez à ceux des villes principalles, voulons
que lesdits chirurgiens royaux, qui seront establis dans
chacune des dites villes principalles, y tiennent et exercent
leurs jurisdictions, fassent leurs visites et aient inspection
sur tous les autres chirurgiens, tant des villes principalles
de leur résidence que du ressort du présidial ou baillage
d'icelles, qu'ils examinent les aspirans qui se présenteront
pour estre receûs, leur délivrent leurs lettres sur lesquelles
et non autrement ils seront par eux receûs au serment, et
jusqu'es a ce ils ne pourront ouvrir leurs bouticques ny
faire aucune fonction de chirurgie, nosdits chirurgiens jurez
feront faire les assemblées des communautez des chirurgiens, présideront en icelles et feront rendre les comptes
des receptes et dépences des deniers desdites communautés;
voulons aussy que tous les chirurgiens qui sont et seront
demeurans dans les villes, bourgs ou lieux du ressort des

présidiaux ou baillages, dans lesquels il y aura deux chirurgiens jurez, soient soubmis à la jurisdiction des deux jurez
de mesme et comme ils estoient avant le présent édit, à celle
de nostre dit premier chirurgien ou ses lieutenans, qu'ils se
rendent aux jours auxquels ils seront mandez ou assignez, à
peine de cincquante livres d'amende applicable moitié à la
communauté et l'autre au service de nostre domaine, et
affin que les affaires desdites communautés puissent estre
faites sans retardement, nous voulons et entendons que
celuy desdits deux chirurgiens jurez, qui sera pourveu et
receu avant l'autre dans chacunes villes principalles, fassent
et exercent les fonctions que faisoient cy devant les lieutenans
de nostre dit premier chirurgien pendant un an du jour de
sa réception ; et outre ce, qu'il fasse les rapports conjointement ou séparément avec l'autre, et le médecin juré, et
que l'autre chirurgien juré assisté aussi ausdits rapports qui
seront à faire conjoinctement ou séparément avec ledit
premier, et en outre que le second fasse les fonctions de
greffier garde des titres, registres et papiers de la dite
communauté, de receveur des deniers d'icelle et assiste en
cette qualité à tous les examens des aspirans tant de la
ville que de la campagne du ressort, et à tous les assemblées
de la compagnie, ausquelles il aura rang et séance immédiatement après le premier, en l'absence duquel il présidera et
fera lesdites fonctions de greffier, de receveur et garde de
registre, de mesme et aux mesmes droits et fonctions que
sont ceux qui exercent pareilles fonctions en la chambre et
communauté de St Cosme à Paris, conformément et au
règlement de nostre conseil du 28 juillet 1671, à la charge
que, dans les cas ou il présidera en l'absence de l'autre, il
commettera un des maistres de la compagnie, tel quil avisera,
pour faire les fonctions de greffier, et après la dite année
expirée, le second chirurgien exercera et fera les dites
fonctions du premier pendant une autre année, durant le
cours de laquelle, le dit premier fera les fonctions de greffier,
receveur et garde des titres et registres de la dite compagnie

comme dessus, et ainsy alternativement d'année en année,
à condition expresse que tous les actes de délibération de la
dite compagnie, les requestes des aspirans, les actes de
réceptions et prestations de serment des chirurgiens,
barbiers et peruquiers, etuvistes, sage femme et tous autres
arts, seront escrits sur le registre de la dite communauté, de
mesme et comme il est usité en la chambre de St Cosme à
Paris, et lesdits jurez tenus de les représenter toutes fois et
quantes qu'ils en seront requis, et d'autant quil est nécessaire
que les aspirans à l'art de chirurgie soient interrogé et
fassent des preuves de leur capacité et expérience en
présence des médecins, et que par nostre ordonnance du
mois d'aoust 1670, nous avons ordonné que les rapports de
l'estat des malades, blessez et autres, soient faits par médecins
et chirurgiens, pour faire cesser les contestations qui
surviennent journellement pour raison deu, nous avons par
le présent édit créé et érigé, créons et érigeons en titres
d'offices formez et héréditaires, un nostre conseiller médecin
ordinaire dans chacune des villes, de nostre royaume, pays
terres et seigneuries de nostre obéissance, esquelles nous
avons par le présent édit ordonné l'establissement de deux
chirurgiens jurez pour assister, à l'exclusion de tous autres,
aux examens et réceptions des aspirans à l'art de chirurgie
sage-femme et autres, car esquels la présence des médecins
est nécessaire, comme aussy pour estre présent et assister
aux rapports des malades, blessez et autres, qui seront
ordonné estre faits en justice avec attribution des mesmes
droits et fonctions que ceux dont jouissent les médecins qui
sont appellez aux rapports en nostre bonne ville de Paris,
et suivant les règlemens pour ce fait, et voulant faire cesser
les vexations que nos sujets reçoivent par leur évocations
qui estant fait en nostre grand conseil, nous avons par
notre présent édit révocqué et révocquons l'attribution de
jurisdictions attribuez en nostre grand conseil, tant par le
dit édit du mois janvier 1606 qu'autres, deffendons ausdits
médecins et chirurgiens jurez et à tous autres de sy plus

pourvoir, voulons que les differens qui surviendront à
l'avenir pour raison des faits personnels ou autres resultant
des fonctions et prétentions des médecins et chirurgiens
jurez, et des compagnies et communautés, mesme les
appellations de leurs sentences ou jugement, soient jugez es
présidiaux de leur ressort, et s'il n'y a point de présidiaux
dans les baillages ou ils seront establis, et en cas d'appel
en nos dites cours à l'ordonnance mesme, nous voulons et
entendons qu'en tous cas reels, personnelles et mixtes,
lesdits médecins et chirurgiens jurez aient leurs causes
commisses, comme nous leur commettons et attribuons
ausdits baillages et sièges présidiaux, sans qu'ils puissent
estre traduits ailleurs, sinon en cas d'évocation ou autres
empeschemens légitimes, et pour donner moins ausdits
médecins et chirurgiens jurez, creez par le présent édit, de
faire leurs fonctions avec liberté, nous voulons et entendons
qu'ils jouissent à l'avenir chacun à leur esgard, mesme ceux
qui seront establis dans les villes, bourgs et lieux particuliers de nostre royaume, terres et seigneuries de nostre
obéissance, à l'exemption de toutes commissions de sindicqs
des communautéz, receveurs et collecteurs des tailles,
taillons, crevés, ustenciles, et autres levez et impositions de
tutelle, curatelle, sequestres, guet et garde des villes et
places, et de tous logemens de gens de guerre Français ou
estrangers, suivant ce conformément à l'exemption que nous
en avons accordé à nostre premier chirurgien et à ses
lieutenans et commis, par nos lettres du mois febvrier
1656, lesquelles nous voulons estre observé et exécuté en
faveur des médecins et chirurgiens jurez créés par le présent
édit, faisons deffences aux mairs, eschevins, capitouls, jurats
consuls es villes, bourgs et lieux, et à tous autres officiers,
d'y contrevenir à peine d'en respondre en leurs propres et
privez noms, et d'autant qu'il est nécessaire que les charges
de médecins et chirurgiens jurez, créez par le présent édit,
soient remplis par des gens qui aient l'expérience requise,
et que la pluspart des communautés de chirurgien des

villes principales sont composées de plusieurs maistres, dans le nombre desquels ils pourroient choisir des jurez capables et des médecins, nous permettons ausdites communautés, qui voudront réunir lesdits offices à leurs communautés, de le faire et d'élire entre eux des gens capables de les exercer pour y estre par nous pourveû sur leurs nominations, permettons aussy à tous autres médecins et chirurgiens des autres villes, qui auront les qualités requises d'acquérir lesdits offices, s'establir et les exercer dans les villes, bourgs et lieux ou lesdites charges sont créés, encores qu'il n'y aient pas esté receûs maistres, et qu'ils ne fassent pas partie desdites communautés, et sy pour raison des instalations desdits particuliers, il survenoit des contestations, mesme pour l'establissement des droits utiles et honorifiques desdits médecins et chirurgiens jurez, nous voulons qu'elles soient, sur ce cas seullement, instruites et jugées par les commissaires et intendants par nous départis dans les provinces et généralités, sans que lesdits sieurs commissaires puissent prendre connaissance des différents desdits chirurgiens et communautez en autres cas, lesquels nous voulons, comme dit est, estre jugées aux présidiaux ou baillage, et pour faire cesser les abus qui se sont commis dans la pluspart des villes et lieux de nostre royaume, par la négligence ou mésintelligence des chirurgiens cy devant commis par nos premiers médecins et chirurgiens, et y establir l'ordre nécessaire, nous voulons et entendons que le contenû des articles cy-après soit gardé et observé dans toutes les villes, bourgs et lieux de nostre royaume, pays, terres et seigneuries de nostre obéissance.

I

Nous deffendons tres expressément à toutes personnes de quelques estats et qualité qu'elles soient d'exercer l'art de chirurgie, de faire aucune opération d'icelle, ny d'administrer aucun remède servant à la chirurgie, mesme dans les maladies secrettes, sans avoir esté examiné par les médecins et chirurgiens jurez et pris lettres de chirurgien, mesme aux relligieux de faire aucun acte ou opération hors de leur maison, à l'exception seulement des sœurs de la charité establis dans les bourgs ou villages qui pourront seigner et penser les pauvres malades.

II

Faisons deffences à tous nos juges et autres d'ordonner aucuns salaires a quelques personnes que ce soit qui les en requéreront pour le fait de seignées, penssement ou de chirurgie, s'ils n'ont esté approuvez et receus maistres en la manière requise par les règlemens, et à tous gouverneurs de Provinces, nos lieutenans d'icelles et aux gouverneurs des villes, de faire tenir aucunes bouticques ouvertes dans l'estendue de leurs gouverneurs par des particuliers, s'ils ne sont approuvez par les chirurgiens jurez du ressort et par eux receûs.

III

Les maires, eschevins ou officiers des villes de nostre royaume, pourront nommer et choisir des chirurgiens, tels que bon leur semblera, pour servir dans les cas de peste lorsqu'ils arriveront, s'en néantmoins qu'ils puissent faire aucune fonctions de chirurgiens en autres cas, s'ils ne sont maistres et n'ont les qualitez requises sur les peines portées par le présent édit.

IV

Que les chirurgiens des communautés des villes, bourgs, et lieux du royaume terres et seigneuries de nostre obéis-

sauce, ne pourront estre compris ny censez estre de la
qualité des mestiers, mais de l'art de chirurgie auquel ils ne
pourront estre admis ny receûs qu'en subissant les examens
et faisant les expériences qui leur seront ordonnées par les
médecins et chirurgiens jurez, et sy aucuns se trouvoient
avoir esté receûs sur lettres de maistrisse ou autres privilèges, ils en demeureront descheûs, à la charge néantmoins
qu'en subissant par eux lesdits examens, pardevant lesdits
chirurgiens jurez et les communautés, ils pourront estre
receûs (s'ils en sont trouvez capables) en l'art de chirurgie
en payant seullement la moitié des droits et frais ordinaires.

V

Aucuns aspirans à la chirurgie ne pourront servir chez
les barbiers et perruquiers dans les villes principalles ou
nous avons ordonné l'establissement des médecins et
chirurgiens jurez, et s'ils le sont ils ne pourront estre receûs
en l'art de chirurgie, et pour éviter aux abus qui en
pourroient arriver, les barbiers des dites villes seront tenus
de déclarer au greffe de la communauté des chirurgiens les
garçons qu'ils prendront à leur service par noms, surnoms,
leur pays, à peine de 50 livres d'amende.

VI

Aucuns aspirans à l'art de chirurgie ne pourra estre
admis à faire les examen et expérience pour parvenir à la
maistrisse de chirurgien, qu'il ne soit de bonne vie et
mœurs et qu'il n'ait fait apprentissage chez un maistre de
l'une des villes principalles du royaume ou il y aura communauté de chirurgien, pendant deux années, et ensuitte
servy pendant quatre ans chez un ou plusieurs maistres, ou
qu'au deffaut d'apprentissage, il ait servy six années un ou

plusieurs maistres, ou pendant quatre années dans les hospitaux de nos armées, ou pendant pareil temps dans d'autres hospitaux des dites villes principalles, et sera tenu d'apporter son brevet d'apprentissage deuement certifié, ou des certificats en bonne forme des chirurgiens majors des hospitaux, intendans de nos armées, ou des directeurs ou administrateurs desdits hospitaux, ou des chirurgiens jurez des dites villes.

VII

Il ne sera fait aucun acte de réception des aspirans par les communautés, tant pour les villes que pour la campagne, que la compagnie ne soit convoquée par billet du premier chirurgien en charge, et auront tous ceux qui assisteront voix délibérative, sans néantmoins que les aspirans soient tenus de payer aucunes vacations, sinon à nostre médecin, aux deux premiers chirurgiens jurez, et à trois des plus anciens maistres de la communauté, y compris le prévost sy aucun y a.

VIII

L'aspirant sera tenu de présenter sa requeste par l'un des chirurgiens jurez, pour estre immatriculé sur le registre et admis à faire ses examen et expérience, à laquelle il attachera ses brevets d'apprentissage ou certificats, pour laquelle il ne pourra estre pris pour tous droits que la somme de quatre livres, sur laquelle requeste, le chirurgien juré ordonnera la communication au prévost ou maistre de la communauté, et sur leurs responces staturat ce qu'il appartiendra, et sera payé à chacun des prévost ou deux anciens maistres, quarante sols, ou au greffier de la dite communauté pareille somme.

IX

Et pour donner moien aux aspirans, mesme aux maistres
chirurgiens, d'apprendre les connaissances qu'ils doievent
avoir du corps humain, nous voulons qu'il soit, par chacun
an, faite au moins une fois, aux frais de la communauté des
chirurgiens, une anathomie et des opérations, dans chacunes
villes principalles, par l'un de nos chirurgiens, ou par telle
personne capable qu'ils aviseront pour cet effet, nous
enjoignons à nos juges des dites villes de faire mettre es
mains des chirurgiens, sans frais, le cadavre qu'ils deman-
deront, et seront les démonstrations anatomiques, et les
opérations faites, gratis, et le publicq averty des jours et
lieux où elles se feront par affiche, qui seront mises et
apposées ès lieux publicques, et les maistres, tant de la ville
ou se fera l'opération que ceux du ressort d'icelle, avertys
par billet affin qu'eux et leurs garçons sy puissent trouver.

X

Voulons qu'aussitôt que les dits médecins et chirurgiens
jurez seront establis, ils s'assemblent avec les prévost et
anciens maistres des communautéz de chirurgiens des villes
principalles, et qu'ils dressent des statuts de ce qu'ils
estimeront estre à faire, selon l'estat des dites villes et
ressort en dépendant, pour le chef-d'œuvre des aspirans qui
se présenteront pour estre receûs dans lesdites villes ou
lieux en dépendant, lesquels ils présenteront à nos officiers
des présidiaux, baillages ou seneschaussées desdites villes,
pour les faire examiner, approuver et homologuer, mesme sy
besoin est, obtenir sur ce nos lettres d'approbation, à la
charge que nostre médecin et les deux chirurgiens jurez de
chacune ville principalle ne prendront, pour eux trois, que
les mesmes droits que ceux que nous avons accordé aux

lieutenans de nostre premier chirurgien de nostre bonne
ville de Paris, par l'arrest du règlement de nostre conseil
du dit jour 28 juillet 1671 ; et les aspirans à la chirurgie qui
seront receûs ne payeront à la bourse commune, scavoir ceux
des villes principalles, que cent-cincq livres, et ceux des
autres villes et bourgs, que soixante-quinze livres, et le
peruquiers, étuvistes et les sages-femmes pour les sermens
quils doivent prester, scavoir dans les villes principalles la
somme de vingt livres, et dans les autres celle de dix livres,
lesquelles sommes seront receûs par le chirurgien juré de
la communauté qui fera la recepte, et employé aux frais des
anathomies et des opérations, que nous voulons et entendons
estre faites, par chacun an, dans les villes principalles ou
seront establis nos médecins et chirurgiens jurez, lesquels
au moien de ce seront faites gratuitement, à porte ouverte
par un médecin qui fera le discours et par un chirurgien
qui en fera la démonstration, lesquels seront choisis et
nommez par lesdits médecins et chirurgiens jurez, sy mieux
ils n'aiment faire eux-mesme les anatomies et opérations,
et sera payé au médecin qui fera le discours, cincquante
livres, et pareille somme au chirurgien qui fera la démonstration, pour les peines et les autres frais faits aux dépens
de ladite communauté, et quant au surplus des sommes qui
se trouveront dans la bourse commune des communautés,
il sera employé aux affaires ordinaires d'icelles, et en atten-
dant que les statuts particuliers soient faites, approuvées et
homologuées, lesdits médecins et chirurgiens jurez se
conformeront, pour les cas qui ne seront pas cy dessus
decidez, aux règlemens faits en nostre conseil les 28 mars
1611, et 28 juillet 1671, lesquels seront exécutez à cet esgard,
comme s'ils avoient esté rendus par les communautéz
desdites villes, cy donnons en mandement à nos amez et
scaux conseillers les gens tenans nostre cours de parlement
de Tournay, que le présent édit ils fassent lire, publier et
enregistrer, et le contenu en iceluy garder et observer de
point en point selon la forme et teneur, sans y contrevenir

ny permettre qu'il y soit contrevenu en quelque sorte et manière que ce soit, nonobstant tous édits, arrests et règlemens, usages et autres choses à ce contraires auxquelles nous avons expressément dérogé et dérogeons par le présent édit, car tel est nostre plaisir, et affin que ce soit chose ferme establie à toujours nous avons à ces présentes fait mettre notre scel.

Donné à Versailles au mois de febvrier 1692, et de nostre règne le 49e.

Signé : LOUIS......

(Arch. Com. H. H. 28).

TABLE DES MATIÈRES

N° 4

www.ingramcontent.com/pod-product-compliance
Lightning Source LLC
Chambersburg PA
CBHW060420200326
41518CB00009B/1429